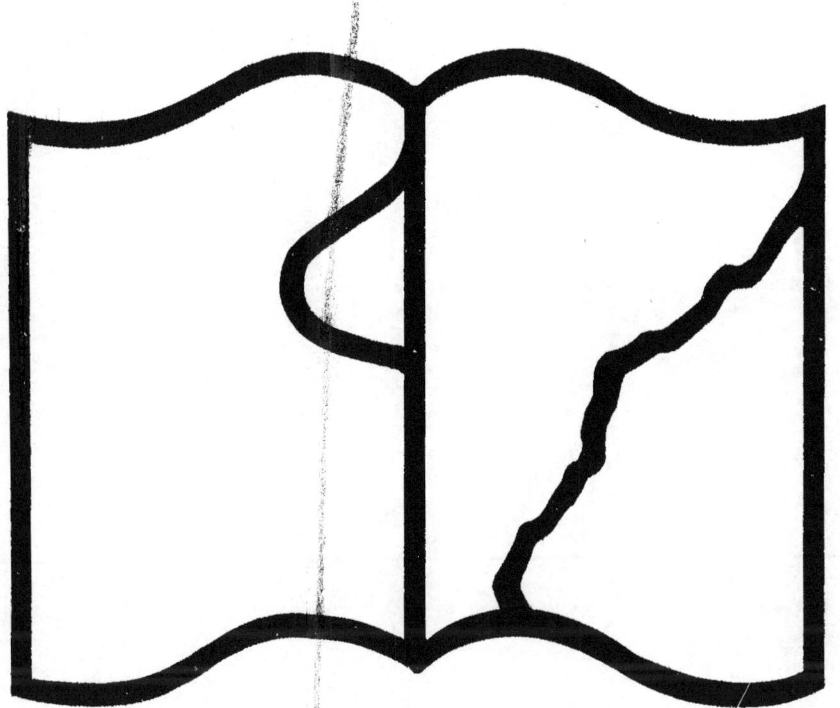

Texte détérioré — reliure défectueuse

NF Z 43-120-11

Symbole applicable
pour tout,ou partie
des documents microfilmés

BIBLIOTHÈQUE DE
CHIMIE PRATIQUE

LES ALCALOÏDES

DE L'OPIUM

A. HELD

BIBLIOTHÈQUE DE CHIMIE PRATIQUE

PUBLIÉE SOUS LA DIRECTION

DE MM.

G. DAREMBERG

Correspondant de l'Académie
de Médecine

CH. GIRARD

Chef
du Laboratoire Municipal

VOLUMES PARUS

Arthus. — Coagulation des liquides organiques.

A. Martha. — Les Intoxications alimentaires.

Alfred Held. — Les Alcaloïdes de l'Opium.

EN PRÉPARATION

Victor Génin. — Applications de la micrographie a l'analyse chimique.

Granger. — Guide du Photographe amateur.

Marès. — Conservation des Fourrures.

Le Hello. — Le Pur Sang.

E. Auscher. — Les Céramiques cuisant a haute tempé-rature.

E. Gérard. — Huiles et Graisses comestibles. 2 vol.

F. Mourot. — La Chimie et la Pharmacie.

E. Bourquelot. — Les Ferments solubles.

Calixte Pagès. — Hygiène des femelles laitières.

G. Meillère. — Analyse chimique de l'eau.

Petit. — Sucres et Dextrines.

Paget. — Blanchiment.

Doumerc. — Falsification.

Sonnié-Moret. — Chimie clinique.

Lévy. — Histoire de la Chimie.

LES
ALCALOÏDES DE L'OPIUM

PAR

ALFRED HELD

Professeur à l'École supérieure de Pharmacie
de Nancy.

PARIS

RUEFF ET CIE, ÉDITEURS

106, BOULEVARD SAINT-GERMAIN, 106

—

1894

Tous droits réservés.

INTRODUCTION

Depuis le commencement de ce siècle l'opium a été l'objet de recherches nombreuses de la part des chimistes, et c'est à lui et aux premiers travaux qui ont abouti à la découverte de la morphine qu'on peut attribuer l'élan, bientôt généralisé, qui a poussé la chimie à l'étude des produits définis du règne végétal, et qui a imprimé à cette science une direction aujourd'hui si féconde en résultats.

En publiant cet ouvrage sur les *alcaloïdes de l'opium*, nous n'avons certes pas la prétention de faire une œuvre originale. Ce travail a déjà été fait, plus complet que celui que nous offrons aujourd'hui au lecteur. Notre but a été de réunir dans une monographie succincte, débarrassée autant que possible des détails encombrants, l'ensemble des travaux publiés jusqu'à ce jour sur l'extraction, la préparation, les propriétés et surtout la constitution de ces divers corps, de façon à donner au lecteur une idée aussi nette et aussi concise que possible sur l'importance des composés de cette grande famille.

Nous avons résumé les travaux de Pelletier, de Robiquet, d'Anderson, de Liebig, de Wœhler, de Hesse, de Merck, sur la préparation et l'extraction de ces alcaloïdes, puis les nombreuses recherches faites sur les produits de transformation et la constitution de ces corps, par Grimaux, Beckett, Wright, Matthiessen, Foster, Armstrong, Goldschmiedt, Gerichten, Schrœtter, Knorr, Roser, Freund, etc., travaux qui ont déjà été présentés au public, à des points de vue divers, par MM. Grimaux, Caventou, Gauthier, Chastaing, Pictet, etc., auxquels nous avons fait de nombreux emprunts.

Nous espérons que les chimistes, médecins et pharmaciens feront bon accueil à ce petit ouvrage en tenant compte du but modeste que nous avons cherché à atteindre.

A. H.

LES
ALCALOÏDES DE L'OPIUM

CHAPITRE PREMIER

DE L'OPIUM

L'opium est le produit de l'évaporation du suc lai-
teux fourni par les capsules de diverses espèces du
genre pavot et particulièrement du *Papaver somniferum*. Cette substance est originaire de l'Asie où le
pavot est cultivé depuis les temps les plus anciens
afin d'en retirer ce précieux produit.

Dès le xvi° siècle des tentatives furent faites en vue
d'acclimater le pavot dans nos pays, mais ce n'est
guère qu'au commencement du xix° siècle que des
recherches sérieuses furent faites dans ce but et peu
après couronnées de succès.

La récolte de l'opium se fait peu avant la maturité
des capsules du pavot : celles-ci sont incisées à l'aide
d'un instrument à cinq lames, assez courtes pour ne
pas pénétrer dans la cavité de la capsule, ce qui
empêcherait les graines de mûrir; le suc qui s'écoule
des vaisseaux ainsi sectionnés est recueilli, mélangé

et façonné en pains de différentes grosseurs, qu'on livre au commerce entourés de feuilles de pavot.

Nous ne nous occuperons pas ici des caractères extérieurs des opiums de diverses provenances, renvoyant pour cette étude aux ouvrages spéciaux ; nous ne considérerons l'opium qu'au point de vue de sa composition chimique, et nous étudierons plus particulièrement les nombreux composés bien définis qu'il renferme.

Composition de l'opium. — L'opium est un produit très complexe renfermant du caoutchouc, de la graisse, de la résine, de la gomme, du sucre, des matières pectiques et albuminoïdes, des sels minéraux, certains acides organiques (acides lactique, acétique, méconique, opianique), des substances neutres ou indifférentes (méconine, méconoïsine) et un grand nombre d'alcaloïdes unis aux acides lactique, sulfurique et méconique.

Ces alcaloïdes forment une série dont plusieurs membres sont homologues, ce qui permet, en tenant compte de leurs propriétés et de leur composition, de les diviser en deux groupes distincts :

1° Bases fortes, très toxiques, renfermant trois ou quatre atomes d'oxygène :

$C^nH^{2n-18}AzO^3$.	1. Morphine.	$C^{17}H^{19}AzO^3$.
	2. Codéine.	$C^{18}H^{21}AzO^3$.
$(C^nH^{2n-18}AzO^3)^2$.	3. Pseudomorphine.	$(C^{17}H^{18}AzO^3)^2$.
$C^nH^{2n-17}AzO^3$.	4. Thébaïne.	$C^{19}H^{21}AzO^3$.
$C^nH^{2n-18}AzO^4$.	5. Codamine.	$C^{20}H^{25}AzO^4$.
	6. Laudanine.	$C^{20}H^{25}AzO^4$.
	7. Laudanosine.	$C^{21}H^{27}AzO^4$.

2° Bases faibles, renfermant de quatre à huit atomes

d'oxygène et donnant pour la plupart, par oxydation,
l'acide hémipinique,

$C^nH^{2n-10}AzO^4$.	8. Papavérine.	$C^{20}H^{21}AzO^4$.
	9. Méconidine.	$C^{21}H^{23}AzO^4$.
$C^nH^{2n-21}AzO^4$.	10. Lanthopine.	$C^{23}H^{25}AzO^4$.
$C^nH^{2n-19}AzO^5$.	11. Cryptopine.	$C^{21}H^{23}AzO^5$.
$C^nH^{2n-21}AzO^5$.	12. Protopine.	$C^{20}H^{19}AzO^5$.
	13. Papavéramine.	$C^{21}H^{21}AzO^5$.
$C^nH^{2n-21}AzO^6$.	14. Rhœadine.	$C^{21}H^{21}AzO^6$.
$C^nH^{2n-21}AzO^7$.	15. Narcotine.	$C^{22}H^{23}AzO^7$.
$C^nH^{2n-21}AzO^8$.	16. Oxynarcotine.	$C^{22}H^{23}AzO^8$.
$C^nH^{2n-10}AzO^8$.	17. Narcéine.	$C^{23}H^{27}AzO^8$.

A cette liste il faut ajouter encore les trois alcaloïdes suivants, dont l'un, bien que préexistant dans
l'opium, est en même temps un produit de décomposition de la narcotine et dont les deux autres diffèrent
de tous les précédents en ce qu'ils renferment dans
leur molécule deux atomes d'azote.

18. Hydrocotarnine.	$C^{12}H^{13}AzO^3$.
19. Gnoscopine.	$C^{34}H^{36}Az^2O^{11}$.
20. Tritopine.	$C^{42}H^{54}Az^2O^7$.

Sur ces vingt alcaloïdes, six seulement se trouvent
en proportion un peu considérable dans l'opium, et
ont pu, par conséquent être étudiés d'une manière
approfondie; ce sont la *morphine*, la *codéine*, la *thébaïne*, la *papavérine*, la *narcotine*, et la *narcéine*.
Ces derniers se trouvent dans l'opium en quantités
variables, suivant l'origine de l'opium, la nature des
variétés de pavots qui l'ont fourni, la culture, les
influences climatériques et atmosphériques, etc. La
proportion moyenne des principales substances basi-

ques et acides contenues dans l'opium peut se représenter par les chiffres suivants :

Morphine,	10 p. 100
Narcotine.	6
Papavérine.	1
Codéine	0,5
Thébaïne.	0,3
Narcéine.	0,2
Acide méconique.	4
Acide lactique	1,25
Méconine.	0,01

Les autres produits basiques ou neutres qu'on ne rencontre d'ailleurs pas dans toutes les variétés d'opium s'y trouvent en quantités si minimes qu'on ne peut arriver à les extraire qu'en opérant sur des quantités considérables d'eaux mères de la préparation de la morphine.

Soumis à l'action successive et dans l'ordre indiqué ci-dessous, de différents dissolvants, l'opium cède d'après Fluckiger :

Au benzol : 4,5 % de narcotine et 6,43 % de caoutchouc.
A l'alcool : 57,67 % produits divers.
A l'eau : 0,67 % matières gommeuses.
A l'acide acétique : 1,73 % de sels, acide pectique, etc.
A l'ammoniaque : 7,33 % acide pectique.
Et il reste comme résidu 10,38 % de cellulose et 2,39 % de cendres.

Enfin la matière cireuse qui recouvre les capsules de pavot, et dont la proportion augmente avec la maturité des fruits, se compose, d'après O. Hesse, de cérotate de cérotyle, de palmitate de cérotyle et d'un corps cristallisé, insoluble dans le chloroforme, et dont la nature n'a pas encore été déterminée.

Nous suivrons dans l'étude de ces divers alcaloïdes

l'ordre indiqué par le tableau général ci-dessus, dans lequel ils sont classés d'après leur teneur en oxygène et leur affinité plus ou moins grande pour les acides.

EXTRACTION ET SÉPARATION DES ALCALOÏDES DE L'OPIUM

Les procédés, quelquefois nombreux, d'extraction des principaux alcaloïdes de l'opium seront décrits en détail au chapitre spécial consacré à chacun d'eux : nous nous bornerons ici à indiquer les procédés employés par M. Hesse pour séparer les alcaloïdes nouveaux et rares qu'il a découverts dans l'opium.

L'opium est épuisé par l'eau, et cette solution traitée soit par la chaux, soit par l'ammoniaque, soit par le carbonate de soude, soit enfin par le chlorure de calcium, dans les conditions qu'on verra plus loin, est débarrassée de la morphine, de la codéine et d'une partie de la narcotine. Ces eaux mères alcalines sont agitées avec de l'éther : la solution éthérée est décantée puis agitée à son tour avec de l'acide acétique qui lui enlève tous les alcaloïdes dissous. Cette solution acide est chauffée doucement pour chasser la petite quantité d'éther qui y était restée, puis on la verse lentement dans une solution alcaline maintenue en excès et agitée continuellement pour que la résine qui se sépare ne puisse pas s'agglomérer. Ce premier traitement a pour but de séparer les alcaloïdes insolubles dans les alcalis d'avec ceux qui s'y dissolvent.

Au bout de vingt-quatre heures de repos, la liqueur alcaline est décantée, sursaturée par l'acide chlorhydrique et immédiatement précipitée par l'ammoniaque : sans filtrer on épuise la solution ammoniacale par le chloroforme qu'on traite comme précédemment par l'acide acétique : la solution acide, neutralisée exactement par l'ammoniaque, donne un précipité résineux rougeâtre, devenant cristallin, qui renferme la lanthopine. On laisse reposer pendant vingt-quatre heures, on filtre, on ajoute un peu de potasse et on agite avec de l'éther pour enlever de petites quantités de codéine.

Dans ces conditions la méconidine, la codamine et la laudanine restent en dissolution dans la liqueur alcaline ; celle-ci, additionnée de chlorhydrate d'ammoniaque, est épuisée à l'éther qui dissout ces bases. Par évaporation lente de l'éther la laudanine cristallise d'abord, les deux autres bases ne donnant qu'un résidu amorphe par l'évaporation complète de l'éther. Pour séparer la codamine de la méconidine on décante la solution éthérée après cristallisation de la laudanine et l'on agite avec une solution de bicarbonate de soude ; l'éther décanté et soumis à l'évaporation fournit des cristaux de codamine. Les eaux mères renfermant la méconidine, acidulées à l'acide acétique et additionnées de chlorure de sodium, laissent déposer du chlorhydrate de méconidine et d'une autre base peu étudiée. On purifie la méconidine en dissolvant son chlorhydrate dans un peu d'eau, agitant avec du bicarbonate de soude et de l'éther, et faisant évaporer la solution éthérée. Après deux ou trois opérations de ce genre, la méconidine est pure.

Revenons aux bases précipitées de leur solution acétique par la potasse en excès : ce précipité est en grande partie formé de thébaïne, de papavérine, de narcotine, avec de petites quantités de cryptopine, de protopine, de laudanosine et d'hydrocotarnine. Pour les séparer on dissout le précipité dans l'acide acétique, on ajoute de l'alcool et on neutralise exactement la liqueur par un alcali : la papavérine et la narcotine se déposent à l'état cristallin ; la solution acétique neutre est décantée et additionnée d'acide tartrique en poudre : la thébaïne se précipite à l'état de bitartrate. Par addition d'acide chlorhydrique concentré on précipite du chlorhydrate de cryptopine. Enfin en combinant ces divers procédés, en épuisant à l'éther ou au chloroforme les eaux mères tantôt alcalines, tantôt ammoniacales, on arrive à isoler la protopine, la laudanosine et l'hydrocotarnine qui sont du reste fort peu abondantes (1/1500 ou 1/1800 de la quantité de morphine existant dans l'opium).

La séparation des six alcaloïdes principaux de l'opium peut s'effectuer facilement de la manière suivante : la solution chlorhydrique bien neutre des alcaloïdes est additionnée d'acétate de soude, jusqu'à presque saturation : au bout de vingt-quatre heures on sépare le précipité de narcotine et de papavérine qu'on redissout dans l'acide chlorhydrique dilué, et dans cette solution suffisamment étendue, on précipite la papavérine à l'aide du ferricyanure de potassium.

La solution débarrassée de la narcotine et de la papavérine est fortement concentrée, et après quelque temps de repos en lieu frais, elle dépose de la narcéine.

Les eaux mères décantées, traitées par du salicylate de soude, précipitent la thébaïne à l'état de salicylate. Après filtration on ajoute de l'acide chlorhydrique et on agite avec du chloroforme pour se débarrasser de l'acide salicylique, on neutralise à nouveau et on précipite la codéine par le sulfocyanate de potasse. Enfin la morphine est précipitée par l'ammoniaque.

Titrage de l'opium. —En raison de l'activité physiologique de l'opium et de ses préparations, et d'autre part du prix élevé de ce produit, il est important de connaître aussi exactement que possible sa composition. Quoique l'opium renferme un grand nombre de principes, tous doués de propriétés actives, on rapporte ordinairement la valeur thérapeutique et commerciale de ce médicament à la quantité de morphine qu'il contient. La morphine, comme on l'a vu plus haut, est en effet l'alcaloïde dont l'opium renferme la quantité la plus considérable, la proportion des autres par rapport à la morphine étant en général assez faible, sauf pour la narcotine.

Il serait donc absolument inutile, dans la plupart des cas, de chercher à doser dans l'opium même les six alcaloïdes principaux : ce travail long, délicat et nécessitant l'emploi d'une quantité notable de matière première ne donnerait d'ailleurs de résultats certains qu'à la condition d'être exécuté par un opérateur très exercé.

Un grand nombre de procédés ont été proposés pour le dosage de la morphine dans l'opium : presque tous partent du même principe, qui est d'épuiser un poids déterminé d'opium par un véhicule approprié, eau ou alcool faible, et de précipiter la morphine de cette dissolution à l'aide d'un alcali, qui est en général l'ammoniaque.

Les procédés connus sous les noms de MM. Guillermond, Guibourt, Fordos, Flückiger, Regnauld, etc., ne sont que des applications de ce principe, et ne diffèrent l'un de l'autre que par des modifications de détail ou des perfectionnements apportés aux procédés similaires plus anciens.

Des procédés de titrage volumétrique ont été préconisés : celui de M. Kieffer basé sur la propriété que possède la morphine en solution alcaline de réduire molécule à molécule le ferricyanure de potassium à l'état de cyanure jaune, consiste à traiter l'opium par un poids connu de cyanure rouge en excès, puis de titrer l'excès de celui-ci en y ajoutant de l'iodure de potassium et de l'acide chlorhydrique et évaluant à l'aide d'une solution d'hyposulfite de soude la quantité d'iode mis en liberté.

Nous nous bornerons à citer ici le procédé qui donne les résultats les plus précis, les plus comparables, celui de M. J. Regnauld, et adopté par la pharmacie centrale des hôpitaux de Paris.

Il est bon d'observer que le titrage de la morphine dans l'opium se faisant sur le produit commercial brut, d'où on a prélevé un échantillon moyen, il y aura lieu de faire dans une seconde opération la détermination de l'eau que renferme l'échantillon analysé : ce dosage se fera de la manière la plus simple en soumettant à la dessiccation à l'étuve à 100°-105° un poids connu (10 grammes, par exemple) de l'opium jusqu'à ce que le poids de la substance reste constant lors de deux pesées successives faites à environ une heure d'intervalle, pendant laquelle la prise d'essai aura été maintenue à la température de 100-105°.

Mode opératoire. — On prélève environ 50 grammes d'opium en petits fragments sur les divers pains dont l'ensemble constitue la matière à analyser. Cet opium est divisé, au couteau ou aux ciseaux, aussi finement que le permet sa consistance. On pèse exactement 50 grammes du produit mélangé et on les introduit dans un vase à précipité avec 150 grammes d'alcool à 70° centésimaux.

Le vase est couvert d'une plaque de verre percée d'un trou dans lequel s'engage une baguette de verre ; on place le tout pendant douze heures environ (la durée de cette macération varie suivant l'hydratation de l'opium et avec certaines conditions d'agrégation différente chez des opiums dont la mollesse est la même), dans une étuve dont la température est maintenue entre 35 et 40°, et on a soin d'agiter de temps en temps le mélange jusqu'à ce que l'opium soit parfaitement désagrégé et délayé dans l'alcool.

Quand ce résultat est atteint, on laisse refroidir ; le liquide froid est décanté sur un filtre, et sur le résidu on verse une nouvelle quantité (50 grammes) d'alcool à 70° dans laquelle on délaie à nouveau le marc d'opium ; après quelque temps de contact, on jette le tout sur le même filtre.

On laisse le marc s'égoutter complètement, et lorsqu'il ne s'écoule plus de solution alcoolique, on lave en deux fois le vase à précipiter avec 100 grammes d'alcool à 70° qu'on verse sur le contenu du filtre par fraction, de façon à lessiver, à épuiser complètement le marc d'opium qu'il contient ; on termine en soumettant celui-ci à une compression modérée, au moyen d'un poids posé sur le filtre replié par le haut, dans l'entonnoir même, dès que le liquide dont il est imprégné cesse de couler spontanément[1].

---

1. Ce procédé, indiqué par Regnauld, peut être modifié, aujourd'hui que dans tous les laboratoires on trouve des appareils à aspiration hydraulique, en ce sens que le filtre étant placé sur un vase en communication avec une trompe aspirante, on arrivera à

Tous les liquides alcooliques réunis et mélangés, on en prélève exactement le tiers (en volume), et dans cette portion constamment agitée, on verse goutte à goutte, à l'aide d'une burette graduée, de l'ammoniaque jusqu'à ce que la solution en renferme un très léger excès appréciable à l'odorat. On note le volume d'ammoniaque employée, on réunit à cet essai les deux autres tiers de la liqueur primitive, et on ajoute au tout, en une fois, le double du volume d'ammoniaque employé dans la première partie de l'opération.

Après avoir agité vivement le mélange avec une baguette de verre pendant quelques minutes (en évitant de frotter la baguette contre les parois du vase à précipiter), puis, à plusieurs reprises pendant deux heures, on abandonne le vase au repos pendant douze à quinze heures. Au bout de ce temps, il s'est formé au fond un dépôt cristallin, peu cohérent, à peine coloré, constitué par un mélange de morphine et de narcotine, que l'ammoniaque a précipitées.

Ce dépôt est recueilli et égoutté sur un petit filtre taré, lavé à l'alcool faible (40° C.) que l'on instille goutte à goutte jusqu'à ce qu'il passe incolore. Le filtre est séché à 100° et le mélange d'alcaloïdes détaché avec soin est introduit dans un petit mortier de verre, pulvérisé, puis trituré avec 25 grammes de chloroforme bien neutre. Le liquide est jeté sur le filtre qui vient de servir, on recommence le traitement avec 25 nouveaux grammes de chloroforme et on jette le tout sur le filtre : le mortier est lavé avec un peu de chloro-

exprimer complètement le marc sans être obligé d'employer un aussi grande quantité de liquide pour le lavage. On évitera ainsi la dilution par trop grande, et par conséquent, les chances d'erreur qui en peuvent résulter.

forme pour entraîner les dernières parcelles de morphine adhérentes aux parois, et finalement le filtre et
son contenu sont séchés à 100 degrés jusqu'à poids
constant.

L'augmentation de poids du filtre donne la quantité
de morphine, séchée à 100°, contenue dans 50 grammes d'opium.

En soumettant à l'évaporation la solution chloroformique, on obtient une cristallisation de narcotine,
que le chloroforme a séparée de la morphine, mais le
dosage de la narcotine totale de l'opium ne saurait se
faire par ce procédé, le marc d'opium épuisé soit à
l'eau, soit même à l'alcool à 70°, retenant des quantités appréciables de narcotine.

Tel est le procédé le plus simple, le plus pratique
en même temps que le plus précis de dosage de la
morphine dans l'opium.

Signalons, avant de terminer ce qui se rapporte à
ce sujet, quelques petites modifications qui ont été
préconisées et quelques précautions à prendre.

D'une part, il y a lieu d'éviter, dans la précipitation
de la morphine et de la narcotine par l'ammoniaque,
l'emploi d'un excès de ce réactif qui redissoudrait une
certaine quantité de morphine : aussi, au lieu d'ajouter à la solution renfermant les principes solubles de
l'opium, de l'ammoniaque liquide, certains auteurs
recommandent-ils de loger sous une cloche le vase
renfermant cette dissolution, à côté d'un verre à précipité dans lequel on aura versé de l'ammoniaque ; les
vapeurs de celle-ci, en se diffusant, viennent se dissoudre dans la solution d'opium, et provoquent le dépôt, sous forme de cristaux souvent volumineux,
incolores, des alcaloïdes, au bout de douze à quinze

heures. Il est toujours important d'éviter le contact de l'air avec la solution ammoniacale ou soumise aux vapeurs ammoniacales, afin d'éviter la production de matières colorantes dont il est ensuite difficile de débarrasser le précipité.

En Allemagne, le procédé de titrage de l'opium ne diffère pas sensiblement de celui indiqué par Regnault.

Cependant, M. Flückiger conseille de dessécher. d'abord complètement l'opium, à une température de 60°, de le réduire en poudre fine, et de prélever alors un poids déterminé de cette poudre, qu'il commence par épuiser au chloroforme pour le priver de sa narcotine. Après cette opération préliminaire, le résidu est repris par l'eau, délayé, épuisé; la solution, additionnée d'alcool et d'éther, est précipitée par l'ammoniaque. Le reste de l'opération se continue comme plus haut, sauf le dernier traitement au chloroforme, devenu inutile par suite de la séparation de la narcotine au début du dosage.

Ce procédé, recommandable en soi, a l'inconvénient de nécessiter l'emploi d'opium desséché et pulvérisé.

Usages de l'opium. — Terminons ce rapide aperçu des propriétés générales de l'opium par l'indication des principaux usages auxquels on l'emploie.

Tout le monde sait qu'en Orient, particulièrement en Chine, de nombreux habitants ont contracté la funeste habitude de fumer de l'opium. Cet usage, très rémunérateur pour le fisc, qui tire du commerce de l'opium de gros revenus, est naturellement loin d'être favorable au développement physique et intellectuel de ceux qui s'y adonnent. Les Persans, les

Turcs, au lieu de fumer l'opium, le consomment en
nature et arrivent, avec un peu d'accoutumance, à en
absorber des quantités considérables (5 à 6 grammes
par jour). Cette habitude n'est pas d'ailleurs un pri-
vilège des races orientales, et malheureusement en
France même on rencontre des *opiophages* en assez
grand nombre. En Europe, les principales applications
de l'opium consistent d'une part dans l'extraction
des divers alcaloïdes qu'il renferme et la préparation
de leurs sels employés en médecine, et d'autre part
dans la préparation d'un certain nombre de produits
pharmaceutiques tels que extrait, teinture, lauda-
num, etc., employés comme soporifiques, calmants, etc.
Au point de vue des propriétés physiologiques des
principaux alcaloïdes de l'opium, Claude Bernard leur
a reconnu trois propriétés particulières : 1° l'action
soporifique; 2° l'action excitante ou convulsivante;
3° l'action toxique. Voici l'ordre dans lequel ils peuvent être rangés, relativement à ces trois modes
d'action : dans l'ordre soporifique, la narcéine vient
en tête, puis la morphine et la codéine. La thébaïne,
la papavérine et la narcotine ne sont pas des soporifiques. Dans l'ordre convulsivant on trouve : la thébaïne, la papavérine, la narcotine, la codéine, la morphine, la narcéine. Enfin au point de vue toxique, ils
se suivent dans l'ordre suivant : thébaïne, codéine,
papavérine, narcéine, morphine, narcotine [1].

1. Ces conclusions de Claude Bernard doivent aujourd'hui être
modifiées, car il est reconnu que la narcéine, parfaitement pure,
est dénuée de toute propriété toxique ou narcotique.

CHAPITRE II

MORPHINE

$$C^{17}H^{19}AzO^{3}+H^{2}O = C^{17}H^{17}(OH)^{2}AzO^{3}+H^{2}O.$$

Historique. — La morphine est le premier principe naturel de nature basique qui ait été isolé, au commencement de ce siècle. A vrai dire, elle avait déjà été entrevue longtemps auparavant par un chimiste anglais, Boyle, qui, au xvii° siècle déjà, avait obtenu cet alcaloïde à l'état impur, en traitant l'opium par du carbonate de potasse et de l'alcool qui dissolvait la morphine : il rendait ainsi, disait-il, l'opium *plus actif*, et le produit de cette manipulation grossière a été connu pendant longtemps sous le nom de *Magisterium Opii*.

Il faut arriver aux premières années du xix° siècle pour voir isoler, à l'état sensiblement pur, le principal produit actif. C'est en 1803 en effet que Derosne, à Paris, retira de l'opium une substance cristallisée qu'il appela *sel d'opium* et qui doit avoir été un mélange de morphine et de narcotine. Les propriétés basiques de cette substance n'échappèrent pas à

Derosne, mais il les attribua à une impureté provenant de l'alcali employé dans sa préparation.

L'année suivante, en 1804, Séguin eut également la bonne fortune d'isoler la morphine, mais il n'attacha aucune importance à la réaction alcaline qu'il lui reconnut, et passa pour ainsi dire à côté de cette belle découverte.

C'est à un pharmacien allemand, Sertürner, de Einbeck, qu'appartient le mérite d'avoir isolé la morphine et d'en avoir reconnu les principales propriétés chimiques. Sans avoir eu connaissance des travaux de Derosne et de Seguin, Sertürner annonça en 1806 qu'il avait retiré de l'opium un acide, l'*acide méconique*, et un corps cristallisé, de nature basique, capable de s'unir aux acides pour former des sels, et qui, dans l'opium, se trouve probablement uni à l'acide méconique. La découverte de Sertürner passa tout d'abord inaperçue. On croyait alors que les plantes ne produisaient que des acides ou des corps à réaction neutre. Une nouvelle publication faite en 1817 (plus de dix ans après!) réussit seule à attirer sur ce sujet tout nouveau l'attention des chimistes. Cette publication est intitulée : *Le morphium, une nouvelle base salifiable, et l'acide méconique, principes constitutifs de l'opium.*

Dans ce nouveau travail, Sertürner caractérise définitivement le morphium comme alcali végétal et rapproche sa nature de celle de l'ammoniaque.

Ces faits précis éveillèrent l'attention : on comprit que d'autres végétaux, dont les remarquables propriétés physiologiques étaient connues, pouvaient renfermer des substances analogues au morphium et constituant le principe actif de ces plantes.

L'élan était donné, et pendant les dix-huit années

qui suivirent la remarquable découverte de Sertürner, les chimistes de tous pays parvinrent à isoler environ 25 alcaloïdes, dont, parmi ceux qui nous intéressent :

En 1817, la narcotine,   découverte par Robiquet.
En 1832, la codéine,   —   —
     —   la narcéine,   —   Pelletier.
En 1835, la pseudomorphine,   Pelletier et Thibouméry.
     —   la thébaïne,   —   —   —

Robiquet, Liebig, Gerhardt, Regnault, Laurent fixèrent la composition de ces corps par de nombreuses analyses, mais sans pouvoir émettre encore d'opinion sur la constitution probable de produits aussi complexes.

Depuis 1835 les recherches nombreuses faites sur ce sujet ont augmenté dans des proportions considérables le nombre des alcalis naturels en général et ceux de l'opium en particulier. Ces derniers sont dus en majeure partie aux patientes et savantes recherches de MM. Hesse et Merck. Nous y reviendrons d'ailleurs en détail dans le cours de cet ouvrage.

État naturel. — La morphine est essentiellement une des parties constitutives de l'opium; mais, en dehors du suc des laticifères fourni par les capsules de diverses variétés du genre *Papaver*, et tout particulièrement du *P. somniferum*, la morphine se rencontre encore dans les diverses parties de la plante, feuilles, tiges et semences, mais surtout avant la maturité : passé cette époque, elle disparaît pour ainsi dire complètement.

Toutes les plantes du genre *Papaver* ne semblent pas cependant renfermer de morphine : le *P. rhœas* et le *P. orientale*, de même que l'*Argemone mexicana* et les feuilles et racines de l'*Elschscholtzia Californica* fournissent bien un suc doué de propriétés narcotiques, mais sans qu'il soit jusqu'à présent démontré que ce suc renferme de la morphine.

Dans tous les cas, l'opium vrai, quelle que soit sa provenance, renferme toujours de la morphine, en proportions variables il est vrai, mais en général c'est toujours la morphine qui domine dans ces opiums : il n'y a d'exception à signaler que pour l'opium du Bengale, de la Malaisie et de Chine, dans lequel il arrive fréquemment que la proportion de narcotine soit plus forte que celle de la morphine. Nous avons vu plus haut que la richesse d'un opium en morphine varie avec une foule de causes, dont le lieu, l'origine, la culture, sont les principales : la moyenne est d'environ 10 p. 100 ; quant à la narcotine il est très rare qu'elle atteigne cette proportion. Les autres alcaloïdes n'atteignent pas ou ne dépassent guère 1 p. 100 dans l'opium.

La morphine se trouve dans l'opium partie à l'état de méconate, partie à l'état de sulfate, sels tous deux solubles dans l'eau et l'alcool.

La narcotine, dont les propriétés basiques sont bien moins accentuées, se trouve dans l'opium à l'état libre, et est peu soluble dans l'eau.

Extraction de la morphine. — Plusieurs procédés sont employés pour extraire la morphine de l'opium. Comme les principes sur lesquels ils sont basés diffèrent sensiblement les uns des autres, nous allons les exposer rapidement.

1° Le premier consiste à diviser l'opium en tranches minces, et à le faire macérer pendant vingt-quatre heures dans huit à neuf fois son poids d'eau distillée froide. On malaxe le tout de façon à obtenir une bouillie homogène, puis on décante le liquide, on exprime le résidu insoluble et on recommence les épuisements à l'eau jusqu'à ce que l'opium soit privé de tout principe soluble. Les solutions réunies sont évaporées au bain-marie jusqu'en consistance d'extrait mou, et ce dernier est repris par l'eau distillée froide qui sépare une certaine quantité de matières résineuses et grasses, de narcotine, de matière colorante. On filtre le liquide et on l'amène par concentration à marquer 5° à l'aréomètre Baumé. Après refroidissement, on y ajoute une petite quantité d'ammoniaque (environ 10 grammes par kilogramme d'opium), qui précipite une nouvelle quantité de matières étrangères à la morphine, en particulier de la narcotine. On filtre de nouveau, on porte à l'ébullition et on ajoute alors un assez grand excès d'ammoniaque : l'ébullition est continuée pendant quelques minutes pour chasser en grande partie l'excès d'alcali. La morphine est recueillie sur une toile et lavée à l'eau froide.

Pour purifier la base, on la transforme en chlorhydrate, qu'on fait cristalliser à plusieurs reprises ; on le décolore au besoin au noir animal, et quand le sel est bien blanc, on le redissout dans l'eau et on le précipite par l'ammoniaque *sans excès*, pour éviter de redissoudre une partie de la morphine. Le précipité, recueilli et lavé à l'eau froide, est redissous dans l'alcool à 90° bouillant, qui l'abandonne cristallisé par refroidissement.

2° Une modification a été apportée à ce procédé par M. Merck : il ajoute à l'extrait aqueux d'opium amené en consistance de sirop un excès de carbonate de soude, et chauffe légèrement aussi longtemps qu'il se dégage de l'ammoniaque. Au bout de vingt-quatre heures, il recueille le précipité, le lave à l'eau froide, l'épuise à froid avec de l'alcool faible, le sèche de nouveau et le traite à froid par de l'acide acétique très étendu sans excès. La morphine se dissout, la narcotine reste insoluble. La solution filtrée, décolorée au charbon, est précipitée par l'ammoniaque. La morphine est redissoute dans l'alcool pour la faire cristalliser.

3° Le procédé peut-être le plus fréquemment employé est celui qu'a indiqué Robertson et qui a été perfectionné par Gregory et par Anderson.

On épuise l'opium par de l'eau froide comme plus haut, les liqueurs réunies sont évaporées en consistance d'extrait, celui-ci repris par l'eau, et cette solution amenée à marquer 10° Baumé; on ajoute alors à la liqueur chaude une solution concentrée de chlorure de calcium (environ 120 grammes par kilogramme d'opium), puis à peu près son volume d'eau froide, qui détermine la précipitation d'une assez grande quantité de méconate et de sulfate de calcium, mêlés à de la matière résineuse.

On continue l'évaporation du liquide, qui laisse déposer par concentration une nouvelle quantité de méconate de calcium. Quand la concentration est suffisante on filtre et on abandonne pendant plusieurs jours dans un lieu frais : le liquide se prend en une masse cristalline composée d'un sel double, le chlorhydrate de morphine et de codéine, encore appelé *sel de Grégory*. On recueille ces cristaux, on les exprime et on les purifie par dissolution dans une grande quantité d'eau chaude, à laquelle on ajoute du charbon animal. La liqueur filtrée, additionnée de quelques gouttes d'acide chlorhydrique est évaporée et soumise à une nouvelle cristallisation.

Pour séparer la morphine de la codéine, on dissout le mélange des sels purifiés dans l'eau bouillante et on y ajoute un excès d'ammoniaque, qui ne précipite que la morphine qu'on recueille et qu'on fait recristalliser dans l'alcool. Les eaux mères ammoniacales servent à l'extraction de la codéine.

4° Enfin, d'après MM. Thibouméry et Mohr, la solution concentrée des principes solubles de l'opium est versée dans un lait de chaux bouillant (1 partie de chaux pour 4 parties d'opium), dans lequel la morphine reste dissoute. Après ébullition de quelques minutes, on filtre, on exprime et on lave le dépôt; la liqueur concentrée et claire est additionnée de chlorure ammonique qui précipite la morphine sous forme d'un dépôt jaune qui augmente par le refroidissement. La purification se termine comme plus haut.

Propriétés physiques de la morphine. — La morphine cristallise en prismes incolores orthorhombiques; elle renferme une molécule d'eau de cristallisation qu'elle perd à 100°. Elle fond à 120° et se décompose vers 200°. L'eau ne dissout que très peu de morphine, 1/5000 à 15° et 1/500 à 100°; cette solution possède une saveur très amère.

L'alcool à 90° en dissout 1/100 à froid et 1/36 à l'ébullition; l'alcool absolu 1/50 et 1/13 aux mêmes températures. La morphine critallisée ne se dissout ni dans l'éther, ni dans le chloroforme, ni dans la benzine, mais à l'état amorphe, récemment précipitée, elle s'y dissout, quoiqu'en proportion relativement faible.

Les alcalis caustiques, l'eau de chaux, l'eau de baryte la dissolvent facilement, et l'addition de chlorure ammonique la reprécipite de ces dissolutions.

L'ammoniaque en dissout environ 1/100.

Les solutions de morphine et de ses sels sont lévogyres; mais ce pouvoir rotatoire varie selon qu'elle est en solution alcaline ou acide. En solution alcaline on a trouvé $[\alpha]^j = -70°,23$, et en solution acide, environ $[\alpha]^j = -128°$.

Propriétés chimiques et réactions de la morphine. — La morphine est un corps éminemment oxydable. Ses solutions alcalines exposées à l'air se colorent peu à peu, en même temps que la morphine se transforme en oxydimorphine : le même corps se produit encore sous l'influence des agents oxydants tels que l'acide azotique, le permanganate de potasse et le ferricyanure de potassium en solution alcaline. Elle réduit l'acide iodique avec mise en liberté d'iode, le nitrate d'argent à froid. Les sels d'or sont réduits avec production d'une couleur bleue, et dépôt d'or métallique.

Triturée avec de l'acide chromique, la morphine s'enflamme, et il reste un résidu vert d'oxyde de chrome. Un cristal de morphine placé dans une solution ammoniacale d'oxyde de cuivre se recouvre peu à peu d'un dépôt floconneux, et à mesure qu'il se dissout, il précipite de l'hydrate de cuivre; la solution ammoniacale d'oxyde d'argent se comporte de même.

Chauffée avec les alcalis caustiques, elle dégage de la méthylamine. (WERTHEIM.)

Chauffée avec du zinc en poudre, elle donne de l'ammoniaque, du pyrrol, de la pyridine, de la triméthylamine, du phénanthrène et une base $C^{17}H^{11}Az$ qui constitue péut être la phénantrène-quinoline. Cette dernière observation a été le point de départ d'une série de travaux effectués par Gerichten et Schrötter, travaux qui seront relatés plus loin, et qui ont prouvé que la morphine est, en effet, le dérivé d'une quinoline du phénantrène.

Elle fournit, sous l'influence des iodures alcooliques en présence de la potasse, des éthers chez lesquels un atome d'hydrogène est remplacé par un radical alcoolique. (V. *Codéine*.)

Elle fournit en revanche avec les acides, anhydrides ou chlorures d'acides des dérivés bisubstitués ; d'où il faut conclure qu'elle renferme deux hydroxyles dont un seul a le caractère acide (HESSE, BECKETT et WRIGHT).

La morphine chauffée avec de l'acide chlorhydrique, du chlorure de zinc ou de l'acide sulfurique, perd de l'eau et se transforme en apomorphine.

Chauffée avec de l'acide oxalique, elle se condense et donne la trimorphine.

Les réactions colorées que donne la morphine avec un certain nombre de corps, sont nombreuses et souvent caractéristiques.

C'est ainsi que la morphine ou un de ses sels ajoutés à une solution aussi peu acide que possible de chlorure ou de sulfate ferrique donne une belle coloration bleue, verte s'il y a un excès de sel ferrique, et disparaissant sous l'influence de la chaleur, d'un excès d'acide ou de l'alcool.

Une solution récente de ferricyanure de potassium, additionnée de perchlorure de fer, puis d'un cristal de morphine ou d'un de ses sels, donne aussitôt un précipité bleu par suite de la réduction du sel ferrique à l'état de sel ferreux.

L'acide sulfurique concentré et pur dissout la morphine sans la colorer; mais, si à une dissolution de 2 à 4 milligrammes de morphine dans 6 à 8 gouttes d'acide sulfurique concentré on ajoute quelques gouttes d'acide azotique, il se produit une vive couleur rouge-carmin.

Si avant d'ajouter l'acide azotique on a chauffé d'abord à 100-150°, puis laissé refroidir, il se produit une coloration violet foncé. (HUSEMANN, J. ERDMANN.)

Si à une solution sulfurique d'acide molybdique on ajoute de la morphine, il se produit une coloration violette qui passe au bleu, puis au vert sale. (FRŒHDE.)

L'arséniate de soude agissant sur la solution sulfurique de morphine donne une coloration violet sale, puis du vert marin foncé.

Une solution à 1 p. 100 de morphine, additionnée d'eau de chlore et d'ammoniaque, se colore en rouge puis en vert brun. (FLÜCKIGER.)

Un mélange intime de morphine avec 6-8 parties de sucre, traité par l'acide sulfurique, donne une coloration pourpre qui, après une demi-heure, passe au violet, puis au bleu vert, et finalement au jaune. Cette réaction est commune à la codéine. (SCHNEIDER.)

Un sel de morphine traité par l'acide sulfurique en présence de méthylal ou d'acétochlorhydrine méthylénique développe immédiatement une couleur violet foncé que l'eau fait disparaître. Si on remplace le méthylal par l'aldéhyde benzoïque il se produit une coloration jaune. (GRIMAUX.)

En chauffant au bain-marie de la morphine avec quelques gouttes d'acide sulfurique, puis ajoutant un petit cristal de sulfate ferreux, puis, après 1 ou 2 minutes ajoutant 2 à 3 cc. d'ammoniaque, on obtient à la limite de séparation des deux liquides une coloration rouge qui passe au violet. L'ammoniaque se colore en bleu pur. (JÖRISSEN.) Cette réaction ne s'obtient pas avec la codéine.

Les solutions de morphine dans l'acide sulfurique concentré additionnées de certains acides, tels que les acides molybdique, titanique, vanadique, tungstique, etc., prennent des colorations intenses et variées : toutes ces réactions sont dues à des réductions opérées par la morphine, et par conséquent ne sauraient être considérées isolément comme des réactions caractéristiques de la morphine. D'autres substances, en effet, telles que certains alcaloïdes d'origine animale (ptomaïnes), peuvent présenter tel ou tel caractère commun avec la morphine, mais aucun corps autre que la morphine, à l'exception de la codéine peut-être, ne possédera l'ensemble des caractères que nous venons d'énumérer.

La morphine, ainsi qu'on l'a déjà vu, se dissout dans les solutions alcalines non carbonatées, dans l'eau de baryte, dans un lait de chaux. Ces dissolutions sont de véritables combinaisons, ainsi que l'a démontré M. Chastaing, qui a obtenu, en évitant l'accès de l'air et de l'acide carbonique, des combinaisons cristallisées renfermant molécules égales de morphine et d'alcali.

Ces combinaisons sont analogues à celles que fournissent les phénols avec les alcalis, et la propriété qu'elles possèdent d'absorber rapidement l'oxygène de l'air les rapproche tout particulièrement des solutions alcalines de pyrogallol.

Iodomorphine, $4(C^{17}H^{19}AzO^3),3I^2$ (?). — Cette combinaison, brune, amorphe, insoluble à froid dans les liqueurs acides ou alcalines, soluble à chaud, a été obtenue par Pelletier en 1836. On l'obtient en mélangeant parties égales d'iode et de morphine, ajoutant de l'eau et portant le tout à l'ébullition : tout se dissout, et par refroidissement l'iodomorphine se dépose.

Triturée avec du mercure et de l'alcool, elle cède de l'iode au mercure et se transforme en un produit peu soluble dans l'eau, soluble dans les liqueurs alcalines et surtout dans l'alcool qui l'abandonne par évaporation sous forme amorphe, et que la chaleur décompose, sans mise en liberté d'iode, mais avec dégagement d'ammoniaque.

Les solutions des sels de morphine donnent, avec une solution iodée d'iodure de potassium, un précipité d'iodhydrate de triiodure de morphine $C^{17}H^{19}Azo^3HI^3$. (JÖRGENSEN.)

Action de l'acide chlorhydrique. — Wrigth et Matthiessen ont étudié l'action de l'acide chlorhydrique sur la morphine, et ont obtenu, suivant les conditions de l'expérience, des résultats différents : en premier lieu, ils ont obtenu des produits chlorés, de caractère basique, répondant aux formules :

$$C^{34}H^{30}ClAz^2O^6;$$
$$C^{34}H^{37}ClAz^2O^5;$$
$$C^{34}H^{30}Cl^2Az^2O^4.$$

Mais dans aucun cas, l'acide chlorhydrique ne fournit de chlorure de méthyle; la morphine ne renferme donc pas de méthoxyle.

Si on fait agir l'acide chlorhydrique sur la morphine en tube scellé, à 140-150°, il se forme de l'*apomorphine* $C^{34}H^{34}Az^2O^4$, produit de condensation et de déshydratation de la morphine. L'apomorphine s'extrait du produit de la réaction en neutralisant par du bicarbonate de soude, et épuisant par l'éther ou par le chloroforme le précipité obtenu. La solution éthérée, additionnée de quelques gouttes d'acide chlorhydrique, laisse déposer des cristaux de chlorhydrate d'apomorphine. L'apomorphine ne possède plus les propriétés physiologiques de la morphine : au lieu d'être un narcotique, elle jouit de propriétés émétiques très prononcées.

L'acide chlorhydrique gazeux dirigé à saturation dans une solution alcoolique de morphine, transforme celle-ci partiellement, et au bout de quelques jours, en chlorhydrate d'éthylmorphine.

Action de l'acide azotique. — Quand on traite la morphine par l'acide azotique concentré, il se produit une coloration rouge-sang du liquide, en même temps qu'il se dégage de l'acide carbonique et d'abondantes vapeurs nitreuses. Par évaporation, on obtient un résidu résineux, jaune d'or, dont la composition varie avec les quantités plus ou moins considérables d'acide azotique employé. Mais dans ces conditions on n'obtient jamais de produit nitré ou nitrosé de substitution. Anderson est arrivé à isoler des produits de l'action de l'acide nitrique sur la morphine, deux acides, dont le premier répond à la formule $C^{11}H^{11}AzO^9$, et dont l'autre, plus stable, et terme ultime de l'action de l'acide nitrique, a la composition $C^{10}H^9AzO^9$.

Le premier exige, pour se saturer, 4 molécules de potasse : tous deux bouillis avec une solution concentrée de potasse perdent presque tout leur azote à l'état de méthylamine.

L'acide azotique fumant réagit énergiquement sur la morphine ; si on opère sur des quantités un peu considérables, la morphine peut s'enflammer et laisser comme résidu un charbon léger. Les produits de cette action ne paraissent pas bien définis : cependant on a isolé deux acides, l'un $C^9H^9AzO^9$, et l'autre $C^9H^7AzO^7$, qui paraissent être des produits de substitution.

Tous ces corps, qu'ils aient été obtenus par l'action de l'acide nitrique quadrihydraté ou fumant, chauffés à 105° en tubes scellés avec de l'acide nitrique, fournissent de l'acide dinitrophénique β et de l'acide picrique. (CHASTAING.)

Action de l'acide azoteux. — Oxymorphine. $C^{17}H^{19}AzO^4$.

En faisant agir l'acide azoteux sur une solution d'azotate de morphine, ou mieux en chauffant vers 60° une solution de chlorhydrate de morphine à laquelle on ajoute un poids correspondant d'azotite d'argent, M. Schutzenberger a obtenu un produit d'oxydation de la morphine, l'oxymorphine. Dans cette réaction, il se dégage une grande quantité de bioxyde d'azote, sans mélange d'acide carbonique ; la liqueur devient légèrement alcaline, et la nouvelle base se trouve précipitée avec le chlorure d'argent. Pour isoler l'oxymorphine, il suffit de recueillir le précipité sur filtre, de le laver et de le traiter par de l'acide chlorhydrique étendu et chaud. Par évaporation de la liqueur filtrée, le chlorhydrate d'oxymorphine cristallise : la solution de ce sel, traitée par l'ammoniaque, laisse précipiter la base.

Ce nouvel alcaloïde se présente sous la forme d'une poudre nacrée, paraissant constituée par de fines aiguilles.

Il est complètement insoluble dans l'eau, même bouillante, insoluble dans l'alcool et l'éther. Sa saveur est très peu amère. Il fond vers 250°, mais en se décomposant.

Les acides chlorhydrique et sulfurique le dissolvent et donnent des sels cristallisés, peu solubles dans l'eau froide, plus solubles dans l'eau chaude, insolubles dans l'alcool.

Avec le chlorure de platine, son chlorhydrate donne un précipité jaune amorphe, que la moindre élévation de température altère.

En opérant la double décomposition entre l'azotite d'argent et le chlorhydrate de morphine à la température de l'ébullition de l'eau, qu'on maintient bouillante pendant un certain temps, M. Schutzenberger a obtenu une autre base, très analogue à l'oxymorphine.

Comme elle, elle est insoluble dans l'eau, l'alcool et l'éther, dépourvue de saveur. Elle s'en distingue par une plus grande solubilité à froid dans l'ammoniaque et par sa manière de se précipiter en grains cristallins assez volumineux lorsqu'on fait bouillir sa solution ammoniacale. Cette base répond à la formule $C^{17}H^{21}AzO^5$: ce serait de l'hydrate d'oxymorphine.

L'oxymorphine de Schutzenberger paraît être identique avec la pseudomorphine que Pelletier (voir *Pseudomorphine*) a retirée directement de l'opium, et que O. Hesse a étudiée. Les quantités, très minimes d'ailleurs et éminemment variables de pseudomorphine trouvées dans l'opium justifient fort bien l'hypothèse que cette base ne préexisterait pas dans l'opium et ne serait que le résultat de l'oxydation d'une partie de la morphine, survenue au cours des opérations ayant pour but l'extraction de cette dernière.

2.

Oxydimorphine $C^{34}H^{36}Az^2O^6.3\,H^2O$. — Bien plus, l'oxymorphine ou *pseudomorphine* serait identique, d'après Polstorff et Brookmann, avec l'*oxydimorphine* obtenue par l'oxydation de la morphine soit par le permanganate de potasse, soit par l'action de l'air sur une solution ammoniacale de morphine, soit par l'action d'une solution alcaline de ferricyanure de potassium sur cet alcaloïde.

L'oxydimorphine a été représentée en effet par la formule $C^{34}H^{36}Az^2O^6 + 3\,H^2O$, et résulterait de la condensation de 2 molécules de morphine avec perte de 2 atomes d'hydrogène.

$$2C^{17}H^{19}AzO^3 + O = C^{34}H^{36}Az^2O^6 + H^2O\,;$$
$$\text{morphine.} \qquad\qquad \text{oxydimorphine.}$$

Étant donné le poids moléculaire élevé de ces composés, il est permis d'admettre l'identité de l'oxydimorphine avec l'oxymorphine, et par conséquent avec la pseudomorphine : les résultats de l'analyse peuvent en effet s'accorder avec les formules généralement admises jusqu'ici pour ces corps.

L'oxydimorphine s'obtient en quantité presque théorique, d'après Polstorff, en dissolvant 1 molécule de morphine dans un excès de solution normale de potasse chaude : après dissolution on étend d'eau et on laisse refroidir, puis on ajoute peu à peu 1 mol. de ferricyanure de potassium dissous dans l'eau : pendant ce temps on fait passer un courant rapide d'acide carbonique dans la liqueur. L'oxydimorphine, qui se précipite au début, se redissout ensuite, mais elle finit par se reprécipiter intégralement. On la recueille, on lave à l'eau puis à l'alcool, on la purifie par ébullition dans de l'eau légèrement alcalinisée à la soude, puis on la redissout dans l'acide chlorhydrique étendu, et la solution refroidie est précipitée par l'ammoniaque sans excès.

La réaction peut se représenter par la formule :

$$2C^{17}H^{19}AzO^3 + 2KOH + 2FeCy^6K^3 = 2H^2O$$
morphine.   ferricyanure.

$$+ 2FeCy^6K^4 + C^{34}H^{36}Az^2O^6 ;$$
ferrocyanure.   oxydimorphine.

Le même but peut être atteint en traitant par le permanganate de potasse une solution de morphine dans l'acide acétique, et préalablement sursaturée par du bicarbonate de soude.

Dans l'un et l'autre cas, il se produit de petites quantités d'apomorphine et, avec le ferricyanure de potassium, d'acide cyanhydrique. D'après certains auteurs, l'oxydimorphine constituerait le précipité qui se forme quand on dissout de la morphine ou un de ses sels dans une solution renfermant de l'acide cyanhydrique, même en petite quantité (eau de laurier-cerise). Cette transformation serait due surtout à l'action de la lumière. L'alcool ou de petites quantités d'acide chlorhydrique empêchent cette transformation.

En admettant la formule $C^{34}H^{36}Az^2O^6$ pour l'oxydimorphine, il en résulte que la dénomination de cette nouvelle base est inexacte. Ce serait plutôt le nom de *déhydromorphine* ou *déhydrodimorphine* qui lui conviendrait.

Quoi qu'il en soit, l'oxydimorphine, pour lui conserver son nom usuel, se présente sous forme d'une poudre cristalline brillante, formée de fines aiguilles ou de petits cristaux tabulaires allongés, insolubles dans l'eau même bouillante, l'alcool, l'éther, le chloroforme, etc., facilement solubles dans la potasse et la soude, difficilement solubles dans l'ammoniaque.

Elle est insipide, non toxique, fusible à 245° en se décomposant; à la lumière elle se colore en jaune. Elle donne avec le perchlorure de fer une coloration bleue analogue à celle que donne la morphine; c'est une base diacide dont les sels sont en général peu solubles dans l'eau.

L'oxydimorphine, qui se comporte vis-à-vis du perchlorure de fer et de l'acide iodique comme la morphine, se distingue nettement de cette dernière base en ce que, traitée par l'acide sulfurique concentré, et le mélange saupoudré de quelques grains de sucre, on obtient une belle coloration verte, alors que la morphine donne une coloration pourpre passant au violet dans les mêmes conditions.

Nitrosomorphine. — D'après Mayer, la morphine mise en suspension dans l'eau et traitée par un courant d'acide azoteux donne des cristaux jaunes répondant à la composition : $C^{17}H^{18}(AzO)AzO^3,H^2O$. Cette nitrosomorphine colore en noir le perchlorure de fer, et perd son eau à 125°. Bouillie avec de l'eau, elle dégage de l'azote et laisse un résidu insoluble dans l'éther et l'alcool, paraissant être l'oxymorphine de Schutzenberger.

Action de l'acide sulfurique. — L'acide sulfurique, comme l'acide chlorhydrique, comme l'acide phosphorique, agit différemment sur la morphine, selon les conditions de l'expérience et les proportions relatives des deux corps mis en présence.

Dans certains cas l'acide sulfurique donne de l'*apomorphine*, dans d'autres un produit de condensation plus complète, la *trimorphine* (v. plus loin).

Enfin Gerhard, en évaporant une solution de morphine renfermant un excès d'acide sulfurique jusqu'à commencement de décomposition, a obtenu par addition d'eau un précipité blanc caillebotó paraissant renfermer les éléments d'une molécule de sulfate neutre de morphine moins deux molécules d'eau :

$$(C^{17}H^{19}AzO^3)^2SO^4H^2 = C^{34}H^{36}Az^2O^8S + 2H^2O.$$

Ce corps, qu'il a appelé *sulfomorphide*, est insoluble dans l'alcool et l'éther, facilement soluble dans les liqueurs acides, et se colore en vert au bout d'un certain temps.

Morphétine. — En faisant bouillir une solution de sulfate de morphine, en présence d'un excès d'acide sulfurique, avec de l'oxyde puce de plomb, jusqu'à ce que la liqueur ne soit plus précipitée par l'ammoniaque, M. Marchand a obtenu une matière brune, amorphe, légèrement amère, qu'il a appelée *morphétine*.

Cette substance, mal définie d'ailleurs, rougit le tournesol, est soluble dans l'eau et peu soluble dans l'alcool.

SELS DE MORPHINE

La morphine est une base forte : non seulement elle neutralise complètement les acides, mais elle est même capable de précipiter certains oxydes métalliques de leurs dissolutions salines (fer, cuivre, plomb, mercure). Les sels qu'elle forme avec les acides sont en général bien cristallisés, neutres au papier de tournesol, et possèdent, avec une exagération marquée, due à leur plus grande solubilité, l'amertume de la morphine. Presque tous sont solubles dans l'eau et l'alcool, insolubles au contraire dans l'éther, le chloroforme, le sulfure de carbone, l'alcool amylique. La morphine s'y caractérise facilement à l'aide des réactifs généraux des alcaloïdes : il y a lieu cependant de faire observer que les alcalis caustiques (potasse, soude, chaux, baryte, et même ammoniaque) redissolvent avec la plus grande facilité la morphine qu'ils ont précipitée de ses solutions salines, sitôt que ces alcalis se trouvent en excès. La morphine se dissout même facilement dans un excès d'ammoniaque, quand elle est récemment précipitée ; mais, en chassant l'ammoniaque en excès par la chaleur, la morphine se reprécipite.

Les carbonates alcalins donnent dans les solutions de sels de morphine un précipité insoluble dans un excès de réactif.

Les sels de morphine ont été étudiés par un grand nombre de chimistes à des points de vue différents ; nous nous bornerons ici à citer les plus importants sous le rapport de leurs propriétés physiques, chimiques ou physiologiques.

Fluorhydrate de morphine $C^{17}H^{19}AzO^3 . HFl$. — S'obtient comme la majeure partie des sels de morphine par dissolution de la base dans de l'acide fluorhydrique étendu. Il cristallise en longs prismes peu solubles dans l'eau, insolubles dans l'alcool.

Chlorhydrate de morphine, $C^{17}H^{19}AzO^3 . HCl + 3 H^2O$. — Ce sel est de beaucoup le plus important des composés salins que fournit la morphine, au point de vue des applications médicales et pharmaceutiques : c'est lui qui entre dans la composition de presque toutes les préparations à base de morphine, sirops, solutions pour injections hypodermiques, etc. Il s'obtient en dissolvant la morphine dans l'acide chlorhydrique étendu et chaud. Par évaporation et refroidissement, on l'obtient, suivant les conditions de température, de concentration, soit en longues aiguilles prismatiques soyeuses, soit sous forme d'un magma cristallin, blanc, qui, une fois desséché, est divisé en fragments cubiques et livré en général au commerce sous cette forme.

Le chlorhydrate de morphine se dissout dans environ 20-25 parties d'eau à 15°, et sa solubilité augmente rapidement avec la température; il lui faut moins de son poids d'eau bouillante pour le dissoudre. Il est beaucoup moins soluble dans l'alcool, qui l'abandonne de ses solutions bouillantes sous forme de cristaux grenus, anhydres, composés de prismes à quatre pans.

Le chlorhydrate de morphine est fortement lévogyre, comme d'ailleurs tous les sels de morphine : en solution aqueuse, son pouvoir rotatoire est de $[\alpha]_D = - 100°,67$.

Essai. — Le chlorhydrate de morphine pur, destiné aux usages médicaux, doit répondre aux conditions suivantes :

Il doit être incolore, doit se dissoudre complètement dans l'eau et l'alcool en donnant une solution limpide, incolore et neutre.

Séché à 100° jusqu'à poids constant, il ne doit pas perdre plus de 14,5 p. 100 de son poids. L'acide sulfurique concentré doit le dissoudre sans coloration aucune (absence de narcotine, codéine, salicine, sucre, etc.).

Sa solution aqueuse, acidulée par l'acide acétique ou l'acide sulfurique étendu, ne précipite pas par le tannin, à moins qu'elle ne renferme de la narcotine.

Le chlorhydrate de morphine pur donne, avec un léger excès de soude ou de potasse, une liqueur limpide : un précipité ou un trouble persistant indiquerait la présence d'alcaloïdes étrangers.

L'ammoniaque ajoutée goutte à goutte à une solution à 1/30 de chlorhydrate de morphine donne un précipité blanc très soluble dans la soude; la narcotine resterait insoluble.

L'apomorphine, dont la présence a été quelquefois signalée dans le chlorhydrate de morphine, se caractérise en traitant les solutions de ce dernier par un très léger excès de bicarbonate de soude et exposant ce mélange au contact de l'air pendant quelque temps. En présence d'apomorphine, le liquide ne tarde pas à se colorer en vert plus ou moins foncé, et, en agitant avec l'éther ou le chloroforme, ces véhicules se colorent le premier en rouge, le second en violet.

Chloromercurate de morphine, $C^{17}H^{19}AzO^3HCl$. $2 HgCl^2$. — Quand on mélange des solutions de chlorhydrate de morphine et de bichlorure de mercure, on obtient un précipité blanc, cristallin; puis, après repos, le liquide filtré laisse déposer des cristaux longs et soyeux, incolores, ayant la même composition que le précipité.

Ce sel double est très peu soluble à froid dans l'eau, l'alcool; l'alcool bouillant et surtout l'acide chlorhydrique concentré le dissolvent facilement : ses solutions chlorhydriques, par évaporation spontanée, l'abandonnent sous forme de gros cristaux.

Chloroplatinate de morphine, $(C^{17}H^{19}AzO^3.HCl)^2$ $PtCl^4 + 6 H^2O$. — Précipité jaune cailleboté, qu'on obtient par le mélange de deux solutions de chlorhydrate de morphine et de chlorure de platine. Chauffé au sein de l'eau, il devient résineux et se dissout un peu dans l'eau bouillante, d'où il cristallise par refroidissement.

Chlorure de zinc et de morphine, $C^{17}H^{10}AzO^3$. $ZnCl^2 + 2 H^2O$. — S'obtient en faisant dissoudre de la morphine dans le chlorure de zinc en solution alcoolique. Par refroidissement on obtient des cristaux grenus d'un aspect vitreux renfermant tantôt $2 H^2O$ tantôt $7 H^2O$.

Bromhydrate de morphine, $C^{17}H^{10}AzO^3$, $HBr + 2 H^2O$. — Ce sel se prépare comme le chlorhydrate ou, à défaut d'une solution d'acide bromhydrique, on dissout dans l'eau chaude 10 parties de sulfate de morphine et 3,2 parties de bromure de potassium : on évapore à sec et on reprend le résidu par l'alcool fort. On obtient ainsi de longs cristaux prismatiques, soyeux, qui perdent leur eau de cristallisation à 100°. La solubilité est analogue à celle du chlorhydrate.

Iodhydrate de morphine, $C^{17}H^{10}AzO^3.HI + 2 H^2O$. — Ce sel s'obtient comme les précédents et a avec eux beaucoup d'analogie. Il cristallise en petits prismes brillants, peu solubles dans l'eau froide.

Il s'unit à l'iode pour donner le composé $C^{17}H^{10}AzO^3.HI.I^3$, cristallisant en mamelons noirâtres peu solubles dans l'eau, très solubles dans l'alcool chaud et dans l'éther.

Perchlorate de morphine, $C^{17}H^{10}AzO^3.HClO^4 + 2 H^2O$. — Cristallise en longues aiguilles soyeuses, solubles dans l'eau et l'alcool, fusibles à 150°, et qui s'obtiennent en saturant par de la morphine une solution d'acide perchlorique. Chauffé brusquement, il détone.

L'iodate de morphine n'existe pas, puisque la morphine, ainsi que nous l'avons déjà vu, réduit l'acide iodique, avec mise en liberté d'iode.

L'azotate de morphine s'obtient comme le chlorhydrate; il cristallise en fines aiguilles groupées en étoiles et très solubles dans l'eau.

Carbonate de morphine. — La morphine se dissout assez facilement dans l'eau chargée d'acide carbonique sous pression; par un refroidissement énergique il se dépose des cristaux prismatiques raccourcis, assez solubles dans l'eau : leur analyse n'a pas été faite, et il est bon de faire remarquer que les carbonates alcalins, même à très basse température, précipitent toujours de la morphine de ses solutions salines, et non du carbonate de morphine.

Chromate neutre de morphine. — S'obtient par double décomposition : recristallisé dans l'eau bouillante, il se présente sous forme de houppes d'un beau jaune citron, renfermant presque toujours un excès de morphine.

Sulfate neutre de morphine $(C^{17}H^{19}AzO^3)^2$ $H^2SO^4 + 5\ H^2O$. — S'obtient par dissolution de la morphine dans l'acide sulfurique dilué; il cristallise en prismes réunis en faisceaux brillants et soyeux, très solubles dans l'eau.

Phosphate de morphine. — Le phosphate de soude donne avec les solutions des sels de morphine un précipité blanc, cristallin, de phosphate neutre, très soluble dans l'acide chlorhydrique, d'où il cristallise par évaporation lente sous forme de phosphate acide.

On obtient du phosphate neutre de morphine, cristallisé en petits prismes brillants en saturant de morphine une solution d'acide phosphorique officinal, et en soumettant cette solution filtrée à l'évaporation lente jusqu'à consistance sirupeuse.

Vanadate de morphine, $C^{17}H^{19}AzO^3.VdO^3H.$ — Précipité floconneux jaune.

Cyanhydrate de morphine. — N'a pas été obtenu : le cyanure de potassium agissant sur une solution d'un sel de morphine en précipite purement et simplement l'alcaloïde.

Le cyanate de morphine a été obtenu, mais à l'état impur : il renferme toujours de l'acide cyanurique libre en excès.

Le sulfocyanate de morphine s'obtient par saturation de l'acide sulfocyanique en solution alcoolique par la morphine ; il cristallise en petits prismes très fins, fusibles à 100°.

SELS DE MORPHINE A ACIDES ORGANIQUES

Formiate de morphine, $C^{17}H^{19}AzO^3.CH^2O^2$, s'obtient par saturation de l'acide par l'alcaloïde : petits cristaux prismatiques très solubles dans l'eau.

Acétate de morphine, $C^{17}H^{19}AzO^3.C^2H^4O^2+3H^2O.$ — Ce sel est difficile à préparer à l'état de pureté, en raison de la tendance qu'il a à se dissocier en perdant de l'acide acétique et devenant basique, et, d'autre part, en raison de la facilité avec laquelle ses solutions restent à l'état de sursaturation.

Le meilleur mode de préparation consiste à délayer la morphine dans l'eau, la dissoudre dans un léger excès d'acide acétique, évaporer à très basse température, et ajouter un cristal d'acétate de morphine à la solution concentrée qui reste presque toujours liquide après refroidissement : la cristallisation se produit alors brusquement et donne naissance à une masse cristalline à odeur d'acide acétique; il se dissout dans environ 12 parties d'eau à 15°, mais la solution est rarement complète, le produit commercial étant presque toujours basique; une petite quantité d'acide acétique en provoque la dissolution immédiate.

Butyrate de morphine. — Cristaux rhombiques, très solubles dans l'eau; s'obtient comme l'acétate.

Isovalérianate de morphine. — Cristallise de sa solution alcoolique en gros cristaux rhombiques, toujours hémièdres, et possédant une forte odeur d'acide valérianique.

Lactate de morphine, $C^{17}H^{19}AzO^3.C^3H^6O^3$. — S'obtient comme les précédents, par saturation directe de l'acide par l'alcaloïde : poudre cristalline, ou bien aiguilles ou tables monocliniques, très solubles dans l'eau.

Oxalate neutre de morphine, $(C^{17}H^{19}AzO^3)^2$. $C^2H^2O^4 + H^2O$. — Cristaux prismatiques peu solubles dans l'eau et l'alcool.

Tartrates de morphine. — Le tartrate neutre s'obtient en saturant une solution tiède d'acide tartrique par de la morphine et soumettant à l'évaporation lente : cristaux mamelonnés, verruqueux, solubles dans 10 p. 100 d'eau et répondant à la formule :

$$(C^{17}H^{19}AzO^3)^2C^4H^6O^6 + 3H^2O.$$

Par addition à ce produit d'une quantité d'acide tartrique égale à celle qu'il renferme, on obtient le bitartrate, $(C^{17}H^{19}AzO^3).C^4H^6O^6 + 1/2H^2O$, cristallisant en prismes aplatis moins solubles dans l'eau que le tartrate neutre.

Le bitartrate de morphine bouilli avec de l'oxyde d'antimoine fournit l'émétique de morphine cristallisé en masses d'un rose clair, fort peu solubles dans l'eau froide et que l'ébullition prolongée décompose.

— On connaît encore le malate, le mucate, l'aspartate, le mellate, le gallotannate, l'urate, le salicylate, le phtalate de morphine : tous ces sels s'obtiennent comme les précédents par saturation directe de l'acide par l'alcaloïde ; ils sont plus ou moins bien cristallisés, plus ou moins solubles, mais leur étude n'offre que peu d'intérêt. Nous nous bornerons à citer un dernier sel de morphine, le *méconate de morphine* $(C^{17}H^{19}AzO^3)^2C^7H^4O^7 + 5H^2O$ qui préexiste dans l'opium, et qui a été obtenu cristallisé en houppes incolores très solubles dans l'eau par neutralisation d'une solution d'acide méconique à l'aide de morphine pulvérisée.

DÉRIVÉS ACIDES DE LA MORPHINE

1° Dérivés acétiques.

La morphine renfermant, comme on le verra plus loin, deux oxhydriles, l'un alcoolique, l'autre phénolique, peut donner avec les anhydrides acides ou les chlorures d'acides des dérivés de substitution : les dérivés acétiques ont été particulièrement étudiés par MM. Wright et Beckett. En chauffant à 100° pendant une heure de la morphine avec une quantité insuffisante d'anhydride acétique, on obtient, après neutralisation par le carbonate de soude, un dérivé non cristallisé, soluble dans l'éther, renfermant $C^{34}H^{37}(C^2H^3O)Az^2O^6$, et qui dériverait par conséquent de la substitution d'un seul groupe acide à un atome d'hydrogène dans deux molécules de morphine.

Wright a proposé, pour ce fait, de doubler la molécule de la morphine, qui serait alors $C^{34}H^{38}Az^2O^6$, et le dérivé ainsi obtenu serait l'*acétylmorphine*. Mais les idées de Wright n'ont pas prévalu, et le nom d'*acétyldimorphine* est resté au composé formé dans ces conditions.

Acétylmorphine, $C^{17}H^{18}(C^2H^3O)AzO^3$. — Ce corps existe sous deux modifications isomères; la morphine renfermant deux groupes (OH), l'un alcoolique, l'autre phénolique, les deux isomères correspondent à la substitution de (C^2H^3O) à l'hydrogène de l'un ou de l'autre de ces deux oxhydriles.

Les acétylmorphines prennent naissance simultanément quand on fait agir de l'anhydride acétique ou même de l'acide acétique cristallisable sur la morphine, mais les proportions de chacune d'elles varient avec les quantités relatives de morphine et d'acide acétique mises en présence.

L'α-acétylmorphine prend naissance en petite quantité (2 à 3 p. 100) quand on chauffe une partie de morphine et deux parties d'anhydride ou d'acide cristallisable.

La β-acétylmorphine se forme en grande quantité quand on chauffe à 100° pendant une heure 1 molécule de morphine et 1 molécule d'anhydride. Elle est toujours accompagnée d'une assez forte proportion d'une troisième variété du même corps, que Wright et Beckett appellent la γ-acétylmorphine.

La variété α cristallise à l'état anhydre par évaporation de ses solutions éthérées; elle diffère de la morphine en ce que le chlorure ferrique ne la colore pas.

Elle fournit un chlorhydrate cristallisé renfermant $3H^2O$, d'où l'ammoniaque reprécipite la base amorphe.

Son chloroplatinate, $[C^{17}H^{18}(C^2H^3O)AzO^3.HCl]^2,PtCl^4$, est amorphe.

La variété β est amorphe, soluble dans l'éther et donne un chlorhydrate gommeux, très soluble dans l'eau et que le perchlorure de fer colore en bleu.

La variété γ se distingue de la précédente en ce qu'elle cristallise dans l'éther, et donne un chlorhydrate très soluble dans l'eau, mais cristallisant, quoique difficilement.

Comme la morphine, ces trois dérivés acétylés peuvent s'unir directement aux iodures alcooliques pour donner des composés plus ou moins bien cristallisés.

Diacétylmorphine, $C^{17}H^{17}(C^2H^3O)^2AzO^3$. — Elle se forme en chauffant de la morphine avec un excès d'anhydride acétique à 85°. On ajoute de l'eau, on précipite par l'ammoniaque en excès, et on épuise à l'éther, qui l'abandonne par évaporation sous forme de prismes brillants fondant à 169°.

L'alcool froid la dissout facilement; par une ébullition prolongée il la décompose; l'eau bouillante la transforme rapidement en acétate d'α-acétylmorphine, puis en acétate de morphine.

Le perchlorure de fer ne la colore pas. Le carbonate de soude et l'ammoniaque la dissolvent difficilement, mais elle est très soluble dans la potasse.

Elle donne un chlorhydrate cristallisé et un chloroplatinate amorphe.

Elle se combine à l'iodure d'éthyle pour donner le composé $C^{24}H^{23}AzO^5.C^2H^5I+1/2H^2O$, en petits cristaux peu stables.

En chauffant du chlorure de méthylmorphine avec de l'anhydride acétique en excès, M. Hesse a obtenu le dérivé diacétylé $C^{17}H^{17}(C^2H^3O)^2AzO^3.CH^3Cl$, cristallisant en aiguilles très solubles dans l'eau, et que le perchlorure de fer ne colore pas. Son chloroplatinate cristallise en aiguilles jaune pâle.

2° Dérivés proploniques.

En traitant la morphine par l'anhydride propionique, dans les mêmes conditions que pour l'anhydride acétique, M. Hesse a obtenu une *dipropionyl-morphine* amorphe, peu soluble dans l'eau, très soluble dans l'alcool, l'éther, le chloroforme, les acides étendus. Son chlorhydrate est amorphe. Sa composition répond à la formule $C^{17}H^{17}(C^3H^5O)^2AzO^3$.

Son chloroplatinate constitue un précipité floconneux amorphe, jaune clair, ayant la composition : $[C^{17}H^{17}(C^3H^5O)^2AzO^3,HCl]^2PtCl^4$.

3° Dérivés butyriques.

En chauffant à 130° une partie de morphine anhydre avec 2 parties d'acide butyrique, Beckett et Wright ont obtenu les dérivés monobutyriques α et β, répondant à la formule $C^{17}H^{18}(C^4H^7O)AzO^3$. L'$\alpha$-butyrilmorphine cristallise dans l'éther et n'est pas colorée par le perchlorure de fer : son chlorhydrate est sirupeux et cristallise difficilement.

La β-butyrilmorphine prend naissance en même temps que la variété α, mais elle s'en distingue par ce qu'elle est amorphe et qu'elle se colore en bleu par le perchlorure de fer.

La **dibutyrilmorphine**, $C^{17}H^{17}(C^4H^7O)^2AzO^3$, s'obtient par l'action à 140° de l'anhydride butyrique sur la morphine. Elle a l'aspect résineux, et est plus stable que la diacétylmorphine. Son chlorhydrate est gommeux.

Le composé mixte, *acétylbutyrildimorphine*, $C^{17}H^{18}(C^2H^3O)AzO^3.C^{17}H^{18}(C^4H^7O)AzO^3$, se prépare en chauffant la morphine avec un mélange de molécules égales d'acides acétique et butyrique. Son chlorhydrate cristallise avec 8 molécules d'eau.

4° Dérivés benzoïques, $C^{17}H^{18}(C^7H^5O)AzO^3$ et $C^{17}H^{17}(C^7H^5O)^2AzO^3$. — Les dérivés benzoïques mono et bisubstitués de la morphine ont une composition analogue aux dérivés butyriques et s'obtiennent de la même manière.

Le benzoylmorphine est amorphe ; son chlorhydrate est cristallisé et peu soluble dans l'eau.

La dibenzoylmorphine s'obtient soit à l'aide de l'anhydride benzoïque, soit à l'aide du chlorure de benzoyle. Elle cristallise de ses solutions alcooliques en gros cristaux prismatiques fusibles à 188-190°, et se dissout peu dans l'alcool froid.

Son chlorhydrate est amorphe et très peu soluble dans l'eau froide.

En faisant agir l'anhydride benzoïque sur l'α-acétylmorphine à 130°, on obtient l'acétylbenzoylmorphine $C^{17}H^{17}(C^2H^3O)(C^7H^5O)AzO^3$, composé cristallisé dont le chlorhydrate, amorphe, est très soluble dans l'eau.

5° Dérivé succinique, $C^{17}H^{17}(C^4H^6O^3)AzO^3 + 4H^2O$.

Il s'obtient en chauffant à 180° une partie de morphine et 2 p. d'acide succinique.

Il cristallise de ses solutions alcooliques, mais est insoluble dans l'eau et l'éther.

Son chlorhydrate est cristallisé.

6° Dérivé camphorique, $C^{17}H^{17}(C^{10}H^{16}O^3)AzO^3$.

Il s'obtient en très petite quantité en chauffant la morphine avec de l'acide camphorique.

Son chloroplatinate est **gélatineux.**

7° **Dérivés carboniques.** — Éthers morphine-carboniques.

On dissout la morphine dans un solution à 1/10 de potasse, sans excès, et on agite vigoureusement avec une dissolution benzinique de chlorocarbonate d'éthyle ou de méthyle : il se forme des éthers morphine-carboniques éthyliques ou méthyliques qui se dissolvent dans le benzol.

Par évaporation de ce dernier on obtient une masse amorphe devenant cristalline au bout de quelque temps. Ces éthers carboniques sont solubles dans l'alcool, l'éther, le chloroforme, le benzol et le sulfure de carbone; ils jouissent de propriétés basiques.

Le dérivé méthylique $C^{17}H^{18}AzO^2.O.COOCH^3$ fond à 116°
Le dérivé éthylique $C^{17}H^{18}AzO^2.O.COOC^2H^5$ à 113°

Leurs sels connus, chlorhydrates, sulfates, oxalates, chloroplatinates, sont plus ou moins bien cristallisés.

Ces éthers sont facilement décomposés par les alcalis, avec mise en liberté de morphine.

C'est en cherchant à obtenir la codéine ou ses homologues supérieurs, que MM. R. Otto et A. Holst sont arrivés à ces corps : en effet, lorsqu'on traite les sels de soude des dérivés sulfonés de la benzine par les éthers chlorocarboniques, il y a dégagement d'acide carbonique :

$$C^6H^5SO^2Na+ClCOOC^2H^5=NaCl+CO^2+C^6H^5SO^2C^2H^5.$$

Mais en agissant sur un morphinate alcalin, les éthers chlorocarboniques s'unissent directement sans départ d'acide carbonique, pour donner naissance aux éthers morphino-carboniques correspondants, ainsi que l'indique la formule :

$$C^{17}H^{18}AzO^2ONa + ClCOOCH^3 = NaCl + C^{17}H^{18}AzO^2.O.COOCH^3.$$

et ces éthers ne perdent de l'acide carbonique que dans des conditions telles que la décomposition est complète. Il n'est donc pas possible d'obtenir la codéine par ce procédé.

8° **Dérivé sulfoné.** — Acide morphine-sulfonique $C^{17}H^{18}AzO^2. O.SO^3.OH + 2H^2O$.

Ce dérivé a été obtenu par Stolnikow en ajoutant peu à peu 15 grammes de pyrosulfate de potasse $K^2S^2O^7$ bien pulvérisé à une solution de 20 grammes de morphine cristallisée, pure, dans 20-30 cc. d'eau renfermant 8 grammes de potasse caustique. On agite fréquemment, puis, au bout de huit à dix heures de contact, on ajoute 300-400 cc. d'eau ; on filtre et on acidule par l'acide acétique. Le précipité obtenu est redissous dans l'eau bouillante.

Par refroidissement il cristallise en fines aiguilles à reflets argentés, qui perdent leur eau de cristallisation à 100°, et ne se décomposent pas encore à 160°.

Il est très peu soluble dans l'eau froide, l'alcool et l'éther ; soluble dans 100 parties d'eau bouillante ; bouilli avec de l'acide chlorhydrique étendu, il se décompose en SO^4H^2 et morphine.

Cet acide possède les réactions générales de la morphine, mais ne se colore pas avec le perchlorure de fer. Chauffé au bain-marie avec quelques gouttes d'acide sulfurique concentré, il se colore d'abord en rose, puis, si on continue à chauffer, en violet.

Il est bien moins toxique que la morphine, mais il agit surtout comme tétanique.

PRODUITS DE CONDENSATION DE LA MORPHINE

Quand on fait agir sur la morphine ou sur son chlorhydrate, des acides sulfurique, chlorhydrique, phosphorique, iodhydrique, avec ou sans chlorure de zinc, on obtient un certain nombre de produits de condensation qui ont été étudiés par MM. Wright, Mathiessen, Mayer, Arppe, etc.

Cette condensation se produit purement et simplement par juxtaposition moléculaire, comme dans la trimorphine et la tétramorphine, ou bien elle se réduit à une élimination d'eau, comme dans l'apomorphine, ou bien la condensation est accompagnée d'élimination d'eau.

L'étude de tous ces produits de condensation ou de déshydratation est loin encore d'être achevée : on se heurte à chaque pas à la confusion amenée par l'hypothèse admise par Wright que la morphine, au lieu de répondre à la composition $C^{17}H^{19}AzO^3$, répondrait à la formule double $C^{34}H^{38}Az^2O^6$, correspondant à son acétyldimorphine : cette hypothèse est d'ailleurs loin d'être admise par tout le monde. Aussi, pour ne pas dépasser le cadre de cet ouvrage, nous bornerons-nous à donner quelques indications sur les principaux et les moins discutés de ces produits de condensation ou de déshydratation, sans tenir compte, pour la notation, des idées de Wright.

Avant cela nous allons cependant énumérer, sous forme de tableau, ceux de ces produits actuellement connus, et qui pour la plupart sont dus à l'action, dans des conditions variables, de l'acide chlorhydrique, sur la morphine ou ses dérivés immédiats.

1re SÉRIE

Morphine, $C^{17}H^{19}AzO^3$, donnant par l'acide
chlorhydrique, suivant les con-
ditions, 1° $C^{31}H^{30}ClAz^2O^6$
Donnant par l'acide chlorhydrique
ou le chlorure de zinc, 2° $C^{34}H^{37}ClAz^3O^5$
Donnant par l'acide chlorhydri-
que, 3° $C^{34}H^{30}Cl^2Az^2O^4$

2° SÉRIE

Apomorphine, obtenue par l'action de HCl,
$SO^4H^2, PO^4H^3, ZnCl^2$, sur la
morphine, $C^{31}H^{34}Az^2O^4$

3° SÉRIE

Trimorphine, obtenue par action de SO^4H^2
sur la morphine, $C^{51}H^{57}Az^3O^9,$
qui donne sous l'influence de
HCl : $C^{51}H^{60}ClAz^3O^8$

4° SÉRIE

Tétramorphine, obtenue par action de SO^4H^2
sur la morphine, $C^{68}H^{76}Az^4O^{12}$
donne par action de HCl : $C^{68}H^{77}ClAz^4O^{12}$
Diapotétramorphine, obtenue par action de
PO^4H^3 sur la morphine, $C^{68}H^{74}Az^4O^{11}$
donne par action de HCl : $C^{68}H^{73}ClAz^4O^{10}$
et par action de HI : $C^{68}H^{73}IAz^4O^{10}$
Octapotétramorphine, obtenue par l'action de
$ZnCl^2$ sur la morphine : $C^{68}H^{68}Az^4O^8$
Autre base, obtenue par l'action de $ZnCl^2$ sur
la morphine : $C^{136}H^{145}ClAz^8O^{20}$

5° SÉRIE

1re *base*, obtenue par HI en présence de phos-
phore sur la morphine : $C^{68}H^{82}I^2Az^4O^{10}$
2° *base*, obtenue par l'action de l'eau sur
la précédente : $C^{68}H^{81}IAz^4O^{10}$
3° *base*, obtenue par l'action de l'eau sur
la précédente, $C^{136}H^{161}IAz^4O^2$

Dans chaque série, les dérivés se comportent de la même façon quand on les distille avec de la potasse caustique : ceux de la 1ʳᵉ série donnent de la pyridine avec une petite quantité de méthylamine ; ceux de la 4ᵉ série ne donnent que de la méthylamine sans pyridine, et ceux de la 2ᵉ série ne donnent aucune base volatile ; ces derniers s'oxydent à l'air en présence des alcalis en donnant une matière bleue, insoluble dans l'eau et les acides, soluble dans les alcalis : celle fournie par l'apomorphine répond à la formule $C^{40}H^{34}Az^2O^7$. Nous allons passer rapidement en revue les plus importants de ces dérivés de condensation de la morphine.

Apomorphine, $C^{17}H^{17}AzO^2$ ou $C^{34}H^{34}Az^2O^4$. — L'apomorphine prend naissance dans diverses conditions :

1° En chauffant à 140° de la morphine (ou de la codéine) avec de l'acide chlorhydrique concentré ;

2° En chauffant pendant une demi-heure environ à 120-125° une solution concentrée de chlorhydrate de morphine avec une solution très concentrée de chlorure de zinc ;

3° En faisant agir sur la morphine l'acide sulfurique étendu, vers 140° ;

4° En faisant agir sur cet alcaloïde l'acide phosphorique à 180-190°.

Le mode de préparation le plus pratique consiste à chauffer entre 140-150° de la morphine avec de l'acide chlorhydrique à environ 25 p. 100. On étend d'eau, on neutralise par le bicarbonate de soude, et on épuise à l'éther ou au chloroforme, qui dissout l'apomorphine : quelques gouttes d'acide chlorhydrique ajoutées à cette solution forment le chlorhydrate de la base nouvelle, qui ne tarde pas à cristalliser. Ce chlorhydrate, purifié par cristallisation dans l'eau bouillante, fournit la base pure après un nouveau traitement au carbonate de soude, suivi d'épuisement à l'éther.

Dans cette préparation il ne se dégage pas de chlorure de méthyle, il y a seulement perte d'une molécule d'eau pour une molécule de morphine : si on emploie la codéine, il y a à la fois élimination d'eau et dégagement de chlorure de méthyle.

On pourrait représenter la réaction par les formules :

$$C^{17}H^{19}AzO^3 = H^2O + C^{17}H^{17}AzO^2,$$
morphine. apomorphine.

$$C^{18}H^{21}AzO^3 + HCl = H^2O + CH^3Cl + C^{17}H^{17}AzO^2,$$
codéine. apomorphine.

La formule $C^{17}H^{17}AzO^2$ avait été d'abord admise, comme étant la plus simple, pour représenter l'apomorphine; mais en comparant les produits divers de l'action de l'acide chlorhydrique sur la morphine, on a été amené à admettre que l'apomorphine dérivait de la 3e base de la 1re série signalée plus haut, $C^{34}H^{36}Cl$ Az^2O^4. Cette base, en effet, prend naissance par l'action de l'acide chlorhydrique sur la morphine, mais action bien moins prolongée, de sorte que par perte de 2HCl cette base se transformerait en apomorphine; il y aurait donc lieu d'admettre que l'apomorphine renferme $C^{34}H^{34}Az^2O^4$.

Propriétés. — L'apomorphine constitue une masse blanche, amorphe, qui, exposée à l'air humide, devient verte. Elle est peu soluble dans l'eau, mais s'y dissout facilement à la faveur de l'acide carbonique; elle est soluble dans l'alcool, l'éther et le chloroforme. Elle donne avec l'acide sulfovanadique une coloration violet foncé, passant rapidement au vert sale, puis au brun rouge et au jaune.

Nous avons vu plus haut qu'au contact de l'air, en présence des alcalis, elle fournissait une matière colorante verte, qui se sépare sous forme de flocons quand on abandonne à l'air une solution éthérée d'apomorphine, additionnée d'un peu de soude.

L'apomorphine et ses sels jouissent de propriétés physiologiques très différentes de celles de la morphine : au lieu d'être des narcotiques, ces préparations constituent des vomitifs très énergiques; de plus elles sont purgatives même à des doses très faibles (15 milligrammes).

Le chlorhydrate d'apomorphine $C^{34}H^{34}Az^2O^4 2HCl$, est en cristaux incolores, peu solubles dans l'eau froide, mais assez instables : la chaleur ou une longue exposition à l'air humide le colorent en vert.

Trimorphine $(C^{17}H^{19}AzO^3)^3 = C^{51}H^{57}Az^3O^9$. — La trimorphine se forme en même temps que l'apomorphine quand on fait agir l'acide sulfurique étendu sur la morphine à 140°.

On l'obtient encore en chauffant pendant trois heures à 100° un mélange à parties égales de morphine, d'acide sulfurique et d'eau, ou bien en chauffant la morphine à 140° avec un excès d'acide oxalique desséché.

La trimorphine est amorphe, très soluble dans l'éther; elle se colore en rouge pourpre avec le perchlorure de fer.

Son chlorhydrate est incristallisable : desséché, il prend l'aspect d'un vernis brillant.

Tétramorphine $(C^{17}H^{19}AzO^3)^4 = C^{68}H^{76}Az^4O^{12}$. — Cette base se forme dans les mêmes conditions que la trimorphine, mais au bout d'un temps plus long.

Elle est amorphe et s'oxyde rapidement à l'air.

On en connaît un dérivé monobromé, la bromotétramorphine, $C^{68}H^{76}BrAz^4O^{13}$, obtenue par l'action de l'acide bromhydrique sur la bromotétracodéine.

Diapotétramorphine, $C^{68}H^{74}Az^4O^{11}$. — Cette base, qui peut être considérée comme un produit de déshydratation de la précédente, prend naissance en même temps que l'apomorphine quand on chauffe la morphine à 180-190° avec de l'acide phosphorique.

DÉRIVÉS ALCOOLIQUES DE LA MORPHINE

La morphine donne naissance à deux catégories de dérivés alcooliques : les premiers, produits d'addition, sont peu nombreux et peu intéressants ; les autres, au contraire, dérivés de substitution, constituent une classe importante d'alcaloïdes, dont le premier terme, la codéine, a donné son nom à cette nouvelle série de composés.

I. — *Dérivés alcooliques d'addition.*

La morphine, ainsi qu'on le verra plus loin, est une base tertiaire : elle est donc susceptible de se combiner aux iodures alcooliques pour fournir des iodures de bases quaternaires. On a, en effet, obtenu par l'action des iodures de méthyle et d'éthyle des iodures de méthyl et d'éthylmorphine, dont nous allons rapidement exposer la préparation et les propriétés.

Méthylmorphine, $C^{17}H^{19}AzO^3.CH^3.OH + 5H^2O$. — Quand on chauffe un mélange d'iodure de méthyle, de morphine et d'alcool, il se forme au bout de peu

de temps un précipité cristallin d'iodure de méthylmorphine :

$$C^{17}H^{19}AzO^3 + CH^3I = C^{17}H^{19}AzO^3 < {}^{CH^3}_{I.}$$

Mais, à l'inverse des iodures quaternaires en général,
on ne peut isoler la base de celui-ci à l'aide de l'oxyde
d'argent humide : il faut transformer cet iodure en
sulfate et décomposer ce dernier par la baryte, qui
met en liberté l'hydrate de méthylmorphine, $C^{17}H^{19}$
$AzO^3.CH^3.OH$. Cette base cristallise de ses solutions
dans l'éther alcoolisé en fines aiguilles incolores : elle
est très soluble dans l'eau, mais ses solutions aqueuses s'altèrent rapidement à l'air; elles réduisent les
sels d'argent.

L'iodure de méthylmorphine, $C^{17}H^{19}AzO^3.CH^3I$
$+ HO^2$, obtenu comme il vient d'être dit, est très
soluble dans l'eau chaude, qui l'abandonne par refroidissement en aiguilles rectangulaires incolores.

Le chlorure de méthylmorphine, $C^{17}H^{19}AzO^3.$
$CH^3Cl + 2H^2O$, s'obtient par l'action du chlorure d'argent sur l'iodure de la base. Il se présente en longues
aiguilles, dont la solution aqueuse est colorée en bleu
foncé par une trace de perchlorure de fer. Sa solution
dans l'acide sulfurique est incolore à froid, mais se
colore en violet sous l'influence de la chaleur.

Le chloroplatinate, $(C^{17}H^{19}AzO^3.CH^3Cl)^2PtCl^4 + H^2O$,
est un précipité jaune orangé formé de fines aiguilles.

L'iodure, ou mieux encore le chlorure de méthylmorphine, chauffé avec de l'anhydride acétique, donne
un dérivé diacétylé de substitution.

Iodure d'éthylmorphine, $C^{17}H^{19}AzO^3.C^2H^5I + 1/2$
H^2O. — Ce sel s'obtient, comme son homologue inférieur en chauffant de la morphine avec de l'iodure

d'éthyle et de l'alcool à 100°. Le précipité cristallin qui se forme au bout de quelque temps est purifié par cristallisation dans l'eau bouillante, qui l'abandonne en fines aiguilles, très solubles dans l'eau et peu solubles dans l'alcool absolu.

La potasse et l'ammoniaque ne précipitent pas la base de ses dissolutions aqueuses.

Toutes les tentatives faites en vue d'obtenir un produit d'addition de la morphine avec l'iodure ou le chlorure d'amyle, ont été vaines : en faisant bouillir pendant longtemps de la morphine, de l'alcool et du chlorure d'amyle il ne s'est formé que du chlorhydrate de morphine et de l'alcool amylique.

II. — *Dérivés alcooliques de substitution (Codéines).*

La morphine ne diffère, par sa composition, de la codéine que par la substitution dans cette dernière d'un groupe méthyle à un atome d'hydrogène : la codéine est donc l'homologue supérieur de la morphine. Cette observation avait suggéré à Hesse l'idée de chercher à provoquer dans l'iodure de méthylmorphine (composé d'addition) une migration du groupe méthyle, en chauffant cet iodure soit avec de l'oxyde d'argent seul, soit en présence d'alcali, en vue d'obtenir de la codéine. Ces tentatives n'ont été suivies d'aucun résultat.

D'un autre côté, les propriétés phénoliques de la morphine étant connues, et Wright et Matthiessen ayant montré que, sous l'influence de l'acide chlorhydrique, la codéine donnait, comme la morphine, de l'apomorphine avec du chlorure de méthyle en plus, M. Grimaux a pensé que la codéine présentait avec la morphine les mêmes rapports que le phénate de méthyle avec le phénol. Partant de là, il fit dissoudre de la morphine dans de l'alcool sodé, y ajouta de l'iodure de méthyle, et, après quelque temps d'ébullition, obtint soit de la codéine, soit de l'iodure de méthylcodéine, suivant la proportion plus ou moins grande d'iodure de méthyle employé.

La codéine n'est donc autre chose que l'éther méthylique de la morphine considérée comme phénol. Le rendement en codéine, dans ces conditions, est faible en raison de la tendance que possède l'iodure de méthyle de se fixer soit sur la morphine, soit sur la codéine, pour former des iodures de bases quaternaires.

Les iodures alcooliques autres que l'iodure de méthyle agissent d'une façon identique sur la morphine dans ces conditions, et les nombreux dérivés ainsi obtenus ont reçu le nom générique de *codéines*, ce terme ne s'appliquant qu'aux éthers de la morphine considérée comme phénol.

C'est ainsi qu'ont été préparées :

La codométhyline ou codéine ordinaire $C^{17}H^{18}(CH^3)AzO^3$;

La codéthyline, homologue de la précédente $C^{17}H^{18}(C^2H^5)AzO^3$;

L'éthylène-codéine $(C^{17}H^{18}AzO^3)^2C^2H^4$, etc.

Nous aurons du reste l'occasion de revenir sur ces dérivés à propos de la codéine.

CONSTITUTION DE LA MORPHINE

Nous avons vu plus haut que la morphine possède une fonction phénolique ; cette fonction se trouve d'ailleurs établie par la synthèse de la codéine faite par Grimaux en partant de la morphine.

D'un autre côté, la transformation de la morphine en acide picrique démontre l'existence d'un noyau aromatique. Enfin les recherches de Gerichten et Schroetter, qui ont déjà été signalées et sur lesquelles nous reviendrons, notamment l'obtention de phénanthrène, de phénanthrène-quinoline, prouvent que la morphine est un dérivé du phénanthrène ou plutôt d'un dioxyphénanthrène.

Des recherches plus récentes de Knorr (*Pharm. Zeitg.*, 1890, 408) il résulterait que la morphine doit être considérée comme une combinaison d'un dioxyphénanthrène, avec la monométhyloxéthylamine.

La morphine étant dans un rapport très étroit avec la codéine, dont de nombreux dérivés ont servi à l'étude de la constitution de ces deux corps, il nous a paru préférable de n'exposer les travaux qui ont amené à la détermination de cette constitution, qu'après avoir fait l'étude de la codéine et de ses différents dérivés. Nous renvoyons donc à la fin du chapitre suivant pour cet exposé.

CHAPITRE III

CODÉINE

$$C^{18}H^{21}AzO^3 + H^2O. = C^{17}H^{17}(OCH^3)(OH)AzO + H^2O.$$

La codéine a été découverte dans l'opium par Robiquet en 1832.

Elle accompagne la morphine dans toutes les variétés d'opium où on rencontre celle-ci, mais elle y existe en proportion beaucoup plus faible. Les opiums de qualité moyenne en renferment de $0^g,2$ à $0^g,8$ p. 100, en moyenne $0^g,50$ p. 100 quoique dans certaines variétés d'opium de Turquie la proportion puisse s'élever jusqu'à 2 p. 100.

Elle s'obtient encore synthétiquement par le procédé Grimaux, qui consiste à traiter la morphine par une solution de soude ou de potasse dans l'alcool méthylique et l'iodure de méthyle.

Extraction de l'opium. — 1° On peut retirer la codéine du sel de Grégory dont nous avons indiqué plus haut la préparation. C'est de ce sel que Robiquet l'a isolée pour la première fois.

Le chlorhydrate double de morphine et de codéine,

purifié et décoloré, est dissous dans l'eau et la solution additionnée d'ammoniaque en très léger excès. La presque totalité de la morphine se précipite; par exposition dans un endroit chaud, l'excès d'ammoniaque qui a pu redissoudre une petite quantité de cet alcaloïde s'évapore et toute la morphine est précipitée. On filtre, et le liquide est additionné de potasse en excès qui précipite la codéine : on la recueille sur filtre, on la lave et on la fait cristalliser dans l'éther.

Au lieu de précipiter par la potasse la solution séparée de la morphine, on peut encore l'évaporer à cristallisation : il se dépose un mélange de chlorhydrate de codéine avec un peu de chlorhydrate d'ammoniaque; ce dernier étant beaucoup plus soluble, on le sépare facilement par deux ou trois cristallisations.

Le chlorhydrate de codéine purifié, dissous dans l'eau bouillante, est alors traité par la potasse caustique *en solution concentrée;* la codéine se précipite alors à l'état huileux, et se solidifie peu à peu pendant le refroidissement; en même temps il cristallise un peu de codéine dissoute dans le liquide chaud. Il est à noter que, si on concentre les eaux mères, on obtient toujours une cristallisation en longues et fines aiguilles de morphine, que la potasse retenait en dissolution et qui provient, soit d'une précipitation incomplète par l'ammoniaque, soit d'une dissolution partielle dans un excès d'ammoniaque, au moment de la décomposition, par cette base, du sel de Grégory.

Les cristaux de codéine ainsi obtenus sont colorés; on les reprend par de l'acide chlorhydrique, on fait bouillir cette dissolution avec du noir animal et on précipite par la potasse en léger excès : le précipité recueilli, lavé, est repris par l'éther, qui sépare les dernières traces de morphine.

Il est bon d'employer de l'éther aqueux, qui dissout mieux la codéine que l'éther anhydre.

2° Si l'extraction de la morphine s'est faite à l'aide de la chaux (dissolution de morphinate de chaux), on précipite l'alcaloïde par le chlorure ammonique, ainsi qu'il a été dit plus haut. La codéine reste en dissolution à l'état de chlorhydrate.

La solution ammoniacale concentrée fournit une cristallisation de chlorhydrate de codéine, de chlorure ammonique, avec un peu de chlorhydrate de morphine et d'oxydimorphine.

Ces cristaux dissous dans l'eau chaude sont traités par un excès de soude qui précipite la codéine; celle-ci, desséchée, est dissoute dans l'éther, puis recristallisée dans l'eau bouillante.

3° L'opium desséché est épuisé à l'éther bouillant, qui lui enlève la narcotine et les matières cireuses : la codéine, qui se trouve probablement dans l'opium à l'état de méconate, ne se dissout pas.

Après ce traitement on broie l'opium dans de l'eau additionnée de soude en excès, de façon à former une pâte épaisse, qu'on dessèche et qu'on épuise à nouveau à l'éther bouillant, qui dissout la codéine et la thébaïne mises en liberté par la soude. Le résidu de l'évaporation de la solution éthérée est dissous dans l'acide chlorhydrique étendu, précipité par l'ammoniaque en excès, et la codéine extraite de la solution ammoniacale comme il est dit plus haut.

4° D'après Winkler, on épuise l'opium à l'eau froide; de cette solution on précipite la morphine par l'ammoniaque, l'acide méconique par le chlorure de calcium et les matières colorantes par le sous-acétate de plomb. On sépare l'excès de plomb par l'acide sulfurique, on ajoute un excès de potasse, et, après avoir laissé agir l'acide carbonique de l'air sur ce mélange, on épuise à l'éther, qui dissout la codéine.

5° Merck traite par la soude en excès le sel de Grégory ; le précipité de codéine est recueilli, dissous dans l'alcool froid, qu'on sature ensuite par l'acide sulfurique ; l'alcool est chassé par évaporation, et le résidu additionné d'eau tant qu'il se produit un trouble. On filtre, on concentre à consistance sirupeuse et on précipite par la potasse ; la codéine précipitée est enlevée à l'éther et soumise à la cristallisation.

Synthèse de la codéine. — 1° La codéine a été obtenue synthétiquement par Grimaux en chauffant vers 60° une molécule de morphine, une molécule de soude ou de potasse ou de méthylate de sodium, une molécule d'iodure de méthyle, le tout en dissolution dans l'alcool méthylique. La codéine formée est extraite du mélange par agitation répétée avec de l'éther.

2° On dissout 1 partie de morphine dans 2 parties d'alcool à 90° avec un peu de soude ou de potasse, et la solution traitée par un excès de sulfométhylate de soude est chauffée pendant deux heures au réfrigérant ascendant au bain-marie. On neutralise ensuite par l'acide sulfurique, on chasse l'alcool, et le résidu étendu d'eau est traité par l'ammoniaque qui sépare la morphine non transformée, et le liquide filtré est épuisé par le benzol, qui enlève la codéine.

PROPRIÉTÉS PHYSIQUES

La codéine se présente sous forme de cristaux assez volumineux, transparents, appartenant au système orthorhombique, et qui retiennent une molécule d'eau de cristallisation.

L'éther, le benzol, le sulfure de carbone *anhydres*, dissolvent la codéine et l'abandonnent par évaporation en petits cristaux très brillants, appartenant aussi au système orthorhombique, mais ne renfermant pas d'eau de cristallisation. La codéine hydratée perd son eau de cristallisation à 100°. Après dessiccation, elle fond à 155° et se prend par refroidissement en masse cristalline.

Elle se dissout dans 80 parties d'eau à 15° et dans 15 parties d'eau bouillante.

Chauffée avec une quantité d'eau bouillante insuffisante pour la dissoudre, elle fond en un liquide huileux, plus dense que l'eau, et s'éparpille en gouttelettes, qui par refroidissement cristallisent.

L'alcool, l'éther (aqueux), l'alcool amylique, le chloroforme, le sulfure de carbone, le benzol, dissolvent facilement la codéine ; en revanche, elle est à peu près insoluble dans l'éther de pétrole.

La soude et la potasse ne la dissolvent guère, et l'ammoniaque n'augmente pas sensiblement sa solubilité dans l'eau. Ses solutions aqueuses ne sont pas précipitées par les alcalis, qui n'ont d'action que sur les solutions salines de l'alcaloïde. Elle précipite de leurs dissolutions salines certains oxydes métalliques tels que l'oxyde de plomb, de cuivre, de fer, de cobalt, etc. La codéine en dissolutio . dans l'un quelconque de ces véhicules dévie fortement à gauche le plan de polarisation de la lumière $[\alpha]^j = - 118°,2$. Ce pouvoir rotatoire n'est pas sensiblement modifié par les acides, mais la présence de l'alcool l'exagère d'une façon notable ; en effet dans l'alcool à 80° on a $[\alpha]^j = - 137°,75$.

PROPRIÉTÉS CHIMIQUES ET RÉACTIONS

La codéine est une base forte : ses solutions bleuissent le papier rouge de tournesol ; elle forme avec les acides des sels plus ou moins bien cristallisés et qui seront passés en revue un peu plus loin.

Chauffée avec les alcalis, elle dégage de la méthylamine et de la triméthylamine.

Une solution alcaline de permanganate de potasse en dégage la moitié de l'azote à l'état d'ammoniaque.

Les produits de substitution ou de condensation obtenus à l'aide du chlore, du brome, des acides nitrique, chlorhydrique et sulfurique seront étudiés dans un des chapitres suivants.

La codéine se dissout dans l'acide sulfurique concentré sans coloration à la température ordinaire ; au bout de plusieurs jours à froid, ou immédiatement si on chauffe doucement, cette solution prend une teinte bleuâtre.

Si l'acide sulfurique contient une trace de perchlorure de fer (1 goutte pour 100 grammes d'acide), il se produit peu à peu, plus rapidement en chauffant, une coloration bleue intense. La morphine dans ces mêmes conditions donne une coloration brunâtre, puis brun-verdâtre sale.

Si on chauffe à 150° une solution de codéine dans

de l'acide sulfurique pur, et qu'on y ajoute après refroidissement une goutte d'acide nitrique, il se produit une coloration rouge sang.

Le réactif de Frœhde, qui donne instantanément avec la morphine une coloration violette intense, donne avec la codéine une coloration jaunâtre, qui passe peu à peu au vert foncé puis au bleu.

L'acide sulfovanadique se comporte comme le réactif de Frœhde.

Une solution de codéine dans l'acide sulfurique, additionnée de 2 gouttes d'une solution concentrée de sucre, se colore en rouge pourpre en chauffant légèrement.

Une trace de codéine additionnée de 2 gouttes de liqueur de Labarraque (hypochlorite de soude) et de 4 gouttes d'acide sulfurique concentré, donne une coloration bleue persistante, même en présence de morphine; cette dernière, seule, ne donne rien dans ces conditions.

L'acide sulfotitanique, que la morphine réduit en le colorant en rouge brun, n'est pas réduit d'une manière appréciable, dans les mêmes conditions, par la codéine.

La codéine est sans action sur l'acide iodique et le perchlorure de fer (différence avec la morphine).

Elle ne réduit pas davantage le mélange de perchlorure de fer et de ferricyanure de potassium.

Les solutions aqueuses de codéine donnent avec le tannin un précipité soluble dans un excès de réactif. Traitées par l'eau chlorée puis par l'ammoniaque, elles se colorent en brun.

Le brome y produit un précipité floconneux jaune de bromocodéine $C^{18}H^{20}BrAzO^3$; l'eau iodée donne un trouble jaunâtre passager.

La codéine en solution aqueuse donne avec le bichlorure de mercure un précipité blanc abondant, qui, repris par l'eau chaude ou l'alcool, cristallise facilement. En revanche, les sels de codéine en solution modérément étendue ne précipitent pas le bichlorure de mercure.

Les réactifs généraux des alcaloïdes précipitent tous la codéine de ses dissolutions salines ; l'un d'eux est particulièrement remarquable : c'est l'iodure double de zinc et de potassium, qui donne un précipité cristallin tellement abondant qu'on peut retourner le vase sans que le liquide s'écoule (Draggendorff).

La codéine n'est pas précipitée par le chlorure double d'iridium et de sodium (caractère distinctif de la narcotine).

Le sulfocyanate de potasse précipite lentement la codéine de ses dissolutions étendues ; ce précipité, cristallin, incolore, se redissout à chaud et se reproduit par refroidissement. La morphine n'est précipitée de ses solutions par le même réactif qu'à la condition que la dilution ne dépasse pas 1/200.

SELS DE CODÉINE

La codéine est une base forte monacide qui non seulement neutralise parfaitement les acides minéraux ou organiques, mais qui précipite encore de leurs dissolutions salines les oxydes métalliques (plomb, cuivre, fer, nickel, cobalt) et qui déplace l'ammoniaque de ses sels.

La plupart des sels de codéine sont cristallisés et possèdent une saveur très amère. Aucun d'eux n'est coloré par le perchlorure de fer.

4.

Chlorhydrate de codéine, $C^{18}H^{21}AzO^3HCl+2H^2O$.
— Se prépare en dissolvant la codéine à saturation dans de l'acide chlorhydrique étendu et chaud.

Il cristallise en fines aiguilles courtes, groupées en étoiles. Soluble dans 20 parties d'eau à 15°.

Son pouvoir rotatoire en solution aqueuse est de $[\alpha]^J = -108°,18'$.

Chloromercurate de codéine, $(C^{18}H^{21}AzO^3,HCl)^2$. $HgCl^2$. — Précipité blanc obtenu par le mélange d'une solution de chlorure mercurique avec une solution de chlorhydrate de codéine. Dissous dans l'eau bouillante il se dépose par refroidissement en masses radiées cristallines peu solubles dans l'eau froide, solubles dans l'alcool.

Chloroplatinate de codéine, $(C^{18}H^{21}AzO^3HCl)^2PtCl^4 +4H^2O$. — Précipité jaune pâle qui se transforme peu à peu en petits cristaux jaune orangé. L'eau bouillante les dissout en les décomposant en partie.

Iodhydrate de codéine, $C^{18}H^{21}AzO^3HI+H^2O$. — S'obtient comme le chlorhydrate : longues aiguilles incolores solubles dans 60 parties d'eau.

Biiodure d'iodhydrate de codéine, $C^{18}H^{21}AzO^3IHI^2$. — Cristaux tricliniques, violets, paraissant rouge rubis par transmission. (ANDERSON, JÖRGENSSEN.)

Tétraiodure d'iodhydrate de codéine, $C^{18}H^{21} AzO^3.HI.I^4$. — Petits prismes gris verdâtre, peu stables. (JÖRGENSSEN.) Il s'obtient comme le précédent par l'action de l'iodure de potassium ioduré sur un sel de codéine.

Azotate de codéine, $C^{18}H^{21}AzO^3.AzO^3H$. — Se prépare en saturant la codéine par de l'acide azotique étendu. Petits prismes peu solubles dans l'eau froide.

Iodate de codéine, $C^{18}H^{21}AzO^3.IO^3H$. — Fines aiguilles cristallines obtenues par dissolution de l'alcaloïde dans un léger excès d'acide iodique.

Perchlorate de codéine, $C^{18}H^{21}AzO^3.ClO^4H$. — S'obtient comme les précédents : fines aiguilles soyeuses, réunies en étoiles, très solubles dans l'eau. Chauffé, il fait explosion.

Chromate de codéine, $(C^{18}H^{21}AzO^3)^2CrO^4H^2$. Aiguilles jaunes peu solubles dans l'eau.

Sulfate de codéine, $(C^{18}H^{21}AzO^3)^2H^2SO^4+5H^2O$. — Prismes rhombiques plats, solubles dans 30 parties d'eau froide, très solubles dans l'eau chaude.

Phosphate de codéine, $C^{18}H^{21}AzO^3.H^3PO^4+1\,^1/_2$ H^2O. — Se prépare en saturant de l'acide phosphorique par de la codéine pulvérisée. Après concentration, on précipite par l'alcool.

Houppes, paillettes ou petits prismes très solubles dans l'eau.

Ferrocyanhydrate de codéine. — S'obtient par double décomposition entre le ferrocyanure de potassium et le chlorhydrate de codéine. Précipité blanc devenant cristallin, assez soluble dans l'eau, peu soluble dans l'alcool.

Sulfocyanate de codéine, $C^{18}H^{21}AzO^3.CAzSH+$ $1/2H^2O$. —Obtenu comme le précédent par double décomposition. Cristallise en aiguilles, anhydres à 100°.

Oxalate de codéine, $(C^{18}H^{21}AzO^3)^2C^2H^2O^4+3H^2O$.— Obtenu par dissolution de la codéine dans l'acide oxalique à chaud. Par refroidissement, il se dépose en prismes courts solubles dans 30 parties d'eau à 15°.

DOSAGE DE LA CODÉINE

M. Edo Claassen vient d'indiquer récemment un procédé de dosage de la codéine basé sur ce fait que la codéine libre, en solution, précipite la morphine de ses solutions salines pour prendre sa place dans la combinaison. Il suffit donc d'ajouter le liquide aqueux renfermant la codéine libre en dissolution à une solution de sulfate de morphine, d'agiter fréquemment, et, après 48 heures, de recueillir sur un filtre taré la morphine précipitée : le poids de celle-ci desséchée à l'air, multiplié par le coefficient 0,9868, donne le poids de codéine. Il va sans dire qu'il ne doit y avoir avec la codéine aucune substance (telle que AzH^3) capable de précipiter la morphine de son côté.

Un autre procédé plus expéditif peut être employé quand la codéine libre ne se trouve pas associée à un corps qui puisse dégager de l'ammoniaque des sels ammoniacaux (potasse, soude, chaux, etc). Il suffit de traiter la solution de codéine par du chlorure ammonique en excès, et de distiller dans un appareil à dosage d'ammoniaque. On recueille dans de l'acide chlorhydrique titré l'ammoniaque mise en liberté, et par un simple titrage acidimétrique on détermine la quantité d'acide en excès et par conséquent l'ammoniaque déplacée par la codéine. 100 parties d'AzH^3 correspondant à 1758,8 de codéine anhydre.

Dans le cas où l'on aurait à faire le titrage simultané de morphine et de codéine dans un mélange, on peut opérer de la façon suivante : on acidule faiblement la liqueur à l'acide sulfurique, puis on évapore à sec en présence d'un excès de magnésie; on neutralise ainsi l'acide en excès, en même temps qu'on met en liberté la morphine et la codéine; de plus, si le liquide contenait des sels ammoniacaux, ceux-ci seront décomposés et l'ammoniaque chassée.

Le résidu de l'évaporation est épuisé à l'alcool fort; on évapore ensuite l'alcool, on reprend par l'eau additionnée de chlorure ammonique en excès et on distille comme plus haut pour recueillir l'ammoniaque déplacée par la codéine. Après cette distillation, le résidu est acidulé pour redissoudre la morphine et celle-ci est précipitée par l'ammoniaque sans excès, lavée, séchée et pesée.

Ce procédé permet de séparer facilement la codéine, en vue d'un dosage, d'un liquide complexe où elle se trouverait en dissolution saline, même en l'absence de morphine. (*Pharm. Zeitg.*, 1890, 128.)

PROPRIÉTÉS PHYSIOLOGIQUES DE LA CODÉINE

La codéine est un poison énergique qui possède des propriétés narcotiques analogues à celles de la morphine; elle en diffère cependant en ce qu'elle n'émousse pas autant la sensibilité et qu'elle ne provoque pas au réveil les troubles intellectuels qui succèdent souvent à l'emploi de la morphine.

D'après Claude Bernard, la codéine occuperait le troisième rang parmi les principaux alcaloïdes de l'opium, au point de vue de ses propriétés soporifiques et le second dans l'ordre de l'action toxique.

ACTION DES HALOGÈNES SUR LA CODÉINE

Le chlore, le brome et l'iode donnent avec la codéine des produits de substitution que nous allons rapidement passer en revue, leur importance étant à peu près nulle, tant au point de vue de leurs applications que de la détermination de la constitution de cet alcaloïde.

I. — *Action du chlore.*

Chlorocodéine, $C^{18}H^{20}ClAzO^3 + 1\,^1/_2\,H^2O$. — Le chlore agit de diverses manières sur la codéine, selon les conditions de l'expérience.

Si on dirige un courant de chlore dans une solution aqueuse de codéine, la liqueur brunit et l'ammoniaque n'en précipite ensuite qu'un produit amorphe, résineux.

Mais si on ajoute du chlorate de potasse pulvérisé à une solution de codéine dans l'acide chlorhydrique à une température de 60-70°, et en neutralisant aussitôt que l'ammoniaque donne un précipité dans une petite portion du liquide, on obtient la chlorocodéine.

Celle-ci se présente sous forme d'une poudre blanche, cristalline, insoluble dans l'eau froide, peu soluble dans l'eau chaude et l'éther, soluble dans l'alcool et dans l'ammoniaque en excès.

Elle donne des sels en général bien cristallisés.

L'acide sulfurique la dissout à froid, mais la solution noircit si on chauffe.

L'acide azotique la dissout à froid, et la décompose à chaud avec dégagement de vapeurs nitreuses et d'un gaz très irritant.

II. — *Action du brome.*

On connaît deux produits de substitution bromée de la codéine : la bromocodéine et la tribromocodéine.

Bromocodéine, $C^{18}H^{20}BrAzO^3$. — On la prépare en versant de l'eau bromée dans de l'eau tenant en suspension de la codéine pulvérisée ; celle-ci se dissout peu à peu à l'état de bromhydrate, et quand la coloration due à l'addition d'eau bromée ne disparaît plus, on précipite la bromocodéine par l'ammoniaque en excès qui redissout la bromocodéine. Par évaporation spontanée à l'air de l'excès d'alcali, la bromocodéine cristallise en aiguilles d'un blanc d'argent, insolubles dans l'eau froide, peu solubles dans l'eau chaude, très solubles dans l'alcool et l'ammoniaque.

Les chlorhydrate, bromhydrate et chloroplatinate sont bien cristallisés.

Tribromocodéine, $C^{18}H^{18}Br^3AzO^3$. — Elle s'obtient en ajoutant à la bromocodéine un excès d'eau bromée jusqu'à ce que le précipité jaune, qui se redissout d'abord, soit persistant et augmente de volume : ce précipité est amorphe et est constitué par le bromhydrate de tribromocodéine. Au bout de vingt-quatre heures, les eaux-mères additionnées d'eau bromée donnent un nouveau précipité, et cela pendant plusieurs jours de suite.

Le précipité obtenu est redissous dans l'acide chlorhydrique étendu, et la base est précipitée de cette dissolution par l'ammoniaque.

La tribromocodéine est une poudre amorphe, insoluble dans l'eau et l'éther, soluble dans l'alcool. Ses sels sont amorphes aussi et peu solubles dans l'eau.

III. — *Action de l'iode.*

L'iode donne avec la codéine un certain nombre de combinaisons plus ou moins bien étudiées, mais dont une seule, la diiodocodéine, peut être envisagé comme un produit exclusif de substitution, les autres étant en général des produits d'addition de l'iode avec la codéine ou la diiodocodéine.

Diiodocodéine, $C^{18}H^{19}I^2Az^2O^3$. — Se prépare en traitant une solution concentrée de chlorhydrate de codéine par du chlorure d'iode.

Elle cristallise de ses solutions dans l'alcool; elle est insoluble dans l'eau.

Les autres dérivés iodés de la codéine sont :

L'iodocodéine ou triiodure de codéine $(C^{17}H^{21}AzO^3)^2I^3$. — S'obtient par le mélange de deux solutions alcooliques concentrées de codéine et d'iode;

Le **triiodure de codéine**, qui n'est autre que le biiodure d'iodhydrate déjà cité (v. Sels de codéine);

Le **pentaiodure de codéine** ou tétraiodure d'iodhydrate, également indiqué plus haut.

IV. — *Action du cyanogène.*

Dicyanocodéine, $C^{18}H^{21}AzO^3(CAz)^2$. — Produit d'addition obtenu en faisant passer un courant de cyanogène dans une solution concentrée de codéine dans l'alcool. Elle se dépose de ses solutions éthéro-alcooliques en minces tables hexagonales, insolubles dans l'eau. Ses sels sont peu solubles et se décomposent rapidement avec dégagement d'ammoniaque et d'acide cyanhydrique.

ACTION DE L'ACIDE AZOTIQUE

Nitrocodéine, $C^{18}H^{20}(AzO^2)AzO^3$. — Lorsqu'on soumet la codéine à l'action de l'acide azotique concentré et chaud, il se produit une réaction très vive : il se dégage des vapeurs nitreuses très abondantes, et par évaporation on obtient une masse résineuse jaune, soluble en rouge dans les alcalis. Cette réaction paraît être analogue à celle qu'on obtient avec la morphine.

Si au lieu d'employer de l'acide azotique concentré on emploie de l'acide de densité 1.060, auquel on ajoute peu à peu de la codéine en poudre, en chauffant très doucement, il ne se dégage pas de vapeurs nitreuses; on cesse de chauffer quand le précipité produit par l'ammoniaque dans une portion du liquide ne semble plus augmenter de volume. On précipite alors le tout par l'ammoniaque, et on fait cristalliser dans l'alcool. On obtient ainsi des aiguilles soyeuses blanches, peu solubles dans l'eau même chaude et l'éther, très solubles dans l'alcool.

La nitrocodéine s'unit à l'acide chlorhydrique pour fournir un chlorhydrate incristallisable.

Le sulfate et l'oxalate cristallisent facilement.

ACTION DE L'ACIDE CHLORHYDRIQUE

L'acide chlorhydrique agissant sur la codéine donne naissance à deux produits, selon la température à laquelle la réaction a été effectuée. A 100° on obtient le chlorocodide; à 150°, il se produit de l'apomorphine.

Chlorocodide, $C^{18}H^{20}ClAzO^2$. — En chauffant à 100° pendant 12 à 15 heures 1 partie de codéine avec 12 à 15 parties d'acide chlorhydrique, Matthiessen et Wright ont obtenu le chlorocodide :

$$C^{18}H^{21}AzO^3 + HCl = C^{18}H^{20}ClAzO^2 + H^2O,$$
$$\text{codéine.} \qquad \text{chlorocodide.}$$

Le résidu de l'évaporation est repris par l'eau, précipité par le bicarbonate de soude, puis purifié à l'état de chlorhydrate et par précipitation fractionnée par le bicarbonate de soude.

Ce corps est amorphe, soluble dans l'alcool et l'éther.

Soumis à l'action de l'acide chlorhydrique concentré à 150°, il donne de l'apomorphine, avec dégagement de chlorure de méthyle :

$$C^{18}H^{20}ClAzO^2 = C^{17}H^{17}AzO^2 + CH^3Cl,$$
$$\text{chlorocodide.} \qquad \text{apomorphine.}$$

On voit par ces deux équations que l'action ultime de l'acide chlorhydrique à 150° sur la codéine a pour effet de lui enlever un groupe méthyle (CH^3) et une molécule d'eau.

Or le produit ainsi obtenu, l'apomorphine, est le même que celui qui résulte de la simple déshydratation de la morphine. Il y avait donc lieu d'admettre que la codéine ne différait de la morphine que par la substitution à un hydroxyle (OH) de cette dernière d'un groupe méthoxyle (OCH^3). C'est ce qu'a démontré la synthèse de la codéine faite par Grimaux en partant de la morphine.

Le chlorocodide, sous l'influence de l'eau à 130-140°, régénère la codéine

$$C^{18}H^{20}ClAzO^2 + H^2O = C^{18}H^{21}AzO^3 + HCl.$$

Les sels de chlorocodide sont amorphes ou difficilement cristallisables, sauf le sulfate, qui cristallise en petits prismes bien formés.

ACTION DU PERCHLORURE DE PHOSPHORE

En faisant agir le perchlorure de phosphore délayé dans de l'oxychlorure de phosphore sur la codéine, il se produit deux bases nouvelles (Gerichten).

La première s'obtient en opérant à froid; elle a la même composition que le chlorocodide, $C^{18}H^{20}ClAzO^2$, mais en diffère par ses propriétés physiques. Elle cristallise de sa solution dans l'éther de pétrole en écailles brillantes, fond à 147°-148°, et se dissout facilement dans l'éther, l'alcool, le benzol, le pétrole.

La seconde base répond à la formule $C^{16}H^{10}Cl^2AzO^2$ et s'obtient dans les mêmes conditions que la précédente, mais en chauffant à 60°-70°. On précipite par l'eau, on neutralise par l'ammoniaque, et on purifie par l'acide chlorhydrique et reprécipitation à l'ammoniaque.

Cette base cristallise de ses solutions alcooliques en prismes brillants fondant à 196°-197°; insoluble dans l'eau et les alcalis, elle se dissout dans l'alcool, l'éther et le chloroforme.

Ces deux bases n'ont pas été étudiées plus complètement.

ACTION DE L'ACIDE BROMHYDRIQUE

L'action de l'acide bromhydrique de densité 1,8 à la température de 100° sur la codéine est assez complexe. Elle donne naissance notamment au bromocodide, à la désoxycodéine, à la désoxymorphine et à la bromotétracodéine.

Bromocodide, $C^{18}H^{20}BrAzO^2$. — Analogue au chlorocodide. S'obtient en chauffant la codéine avec de l'acide bromhydrique. On précipite par le carbonate de soude et on enlève le bromocodide à l'éther. Composé très instable.

Désoxycodéine, $C^{18}H^{21}AzO^2$. — Prend naissance

en même temps que le précédent. Insoluble dans l'eau, soluble dans l'alcool, l'éther, le chloroforme et le benzol. Se colore rapidement à l'air.

Désoxymorphine, $C^{17}H^{19}AzO^2$. — S'obtient aussi par action de l'acide bromhydrique sur la codéine; sa formation est accompagnée d'un dégagement de bromure de méthyle.

Bromotétracodéine, $C^{72}H^{83}BrAz^4O^{12}$. — Cette base, qui se forme en même temps que les trois précédentes dans l'action de l'acide bromhydrique sur la codéine, est un produit de polymérisation de cette dernière. On la sépare du bromocodide et de la désoxycodéine par l'éther, où elle est insoluble. Elle se colore rapidement au contact de l'air : elle est tétrabasique. Son bromhydrate répond à la formule $C^{72}H^{83}BrAz^4O^{12}$, 4 HBr.

Soumise à l'action d'acide chlorhydrique très concentré, elle donne du *chlorhydrate de chlorotétracodéine*, $C^{72}H^{83}ClAz^4O^{12}$, 4HCl. Chauffée avec de l'acide bromhydrique, la bromotétracodéine dégage du bromure de méthyle et donne de la *bromotétramorphine*, $C^{68}H^{75}BrAz^4O^{12}$.

Enfin en faisant agir le perchlorure de phosphore sur la bromocodéine, dans les mêmes conditions que pour la codéine, on obtient une nouvelle base chlorobromée, $C^{18}H^{19}ClBrAzO^2$, cristallisant en prismes de ses solutions dans le pétrole, fusible à 131°, soluble dans l'alcool et l'éther; l'acide sulfurique, à chaud, la colore en vert : cette coloration passe au bleu par addition d'eau, et les alcalis la font de nouveau virer au vert.

ACTION DE L'ACIDE IODHYDRIQUE

L'acide iodhydrique additionné de phosphore rouge, chauffé avec de la codéine la transforme selon la température en donnant trois polymères :

Le premier, $C^{68}H^{80}I^2Az^4O^{12}$,4HI, se forme à 100° ;

Le second, $C^{08}H^{82}I^2Az^4O^{10}$,4HI, se forme à 110°-115° ;

Le troisième, $C^{08}H^{82}I^2Az^4O^0$,4HI, se forme à 135°.

Tous ces composés perdent en totalité ou en partie leur iode de substitution sous l'influence de l'eau ou du carbonate de soude, et donnent des iodhydrates d'une série de produits de condensation de quatre molécules de codéine avec élimination de plus ou moins d'eau et départ d'iodure de méthyle. Tous ces dérivés sont trop peu importants pour que nous nous arrêtions à les décrire ; nous nous contenterons d'en signaler l'existence et le mode de formation.

ACTION DE L'ACIDE SULFURIQUE ET DE L'ACIDE PHOSPHORIQUE

Ces deux acides, en agissant sur la codéine dans des conditions déterminées, donnent naissance à des polymères de la codéine que nous allons rapidement décrire :

1° *Dicodéine*, $(C^{18}A^{21}AzO^3.H^2O)^2$. — S'obtient en chauffant la codéine avec de l'acide sulfurique ou de l'acide phosphorique à 200° ou avec de l'acide oxalique à 140-150°.

Précipitée par le carbonate de soude, la dicodéine est amorphe ; elle peut cristalliser de ses solutions éthérées.

Chauffée avec de l'acide chlorhydrique, elle donne le sel $C^{72}H^{83}ClAz^4O^{11}.4HCl$.

Le chlorhydrate de dicodéine cristallise avec $3H^2O$.

La dicodéine soumise à l'action de l'anhydride acétique donne un dérivé acétylé, amorphe $[C^{18}H^{20}(C^2H^3O)AzO^3]^2$, dont le chlorhydrate $(C^{20}H^{28}AzO^4.HCl + 2\ 1/2\ H^2O)^2$ est très soluble et cristallise.

2° *Tricodéine* $(C^{18}H^{21}AzO^3)^3$. Elle s'obtient en chauffant la codéine avec l'acide sulfurique ou le chlorhydrate de codéine avec du chlorure de zinc.

C'est une base amorphe, soluble dans l'éther et l'alcool ; ses sels sont amorphes.

L'acide chlorhydrique concentré la transforme en apocodéine.

3° *Tétracodéine* $(C^{18}H^{21}AzO^3)^4$. S'obtient en chauffant la codéine avec l'acide phosphorique ; on la prépare le plus facilement en chauffant pendant trois heures une solution benzinique de codéine anhydre avec de l'alcoolate de sodium bien sec (WRIGHT et BECKETT).

C'est une base amorphe ; son chlorhydrate et son dérivé acétylé sont amorphes aussi.

Le perchlorure de fer la colore en rouge pourpre.

Nous avons vu que dans l'action de l'acide bromhydrique sur la codéine, il se formait, outre le bromocodide, de la *bromotétracodéine* $(C^{72}H^{83}BrAz^4O^{12})$.

APOCODÉINE, $C^{18}H^{19}AzO^2$.

Quand on chauffe le chlorhydrate de codéine pendant un quart d'heure à 170-180° avec un excès de solution concentrée de chlorure de zinc, il se dépose par refroidissement du chlorhydrate d'apocodéine, précipité amorphe dont la formation peut se représenter par la formule.

$$C^{18}H^{21}AzO^3.HCl = H^2O + C^{18}H^{19}AzO^2.HCl,$$

chlorhy. de codéine.   chlorhy. d'apocodéine.

L'apocodéine diffère donc de la codéine par une molécule d'eau en moins, comme l'apomorphine de la morphine.

L'apocodéine est une base amorphe, légèrement rosée, insoluble dans l'eau.

Le chlorhydrate est amorphe comme elle, mais très soluble dans l'eau.

Dans les eaux mères de la préparation de l'apocodéine, Merck vient de découvrir récemment (MERCK *Arch. Pharm.*, 1891, p. 125) une nouvelle base ayant les plus grandes analogies avec la codéine, et qu'il appelle *pseudocodéine*. Celle-ci se distingue de la codéine par son point de fusion plus élevé (179°), par sa solubilité moindre, par ses formes cristallines, et enfin par ce fait que ses solutions chlorhydriques sont précipitées instantanément par l'ammoniaque à l'état de fines aiguilles cristallines.

Cette *pseudocodéine* répond à la même formule que la codéine, $C^{18}H^{21}AzO^3$; elle se présente sous forme de masse cristalline incolore, très soluble dans l'alcool; l'eau la précipite à l'état cristallin de ses solutions alcooliques.

Ses solutions alcooliques sont lévogyres, et l'action physiologique de cette nouvelle base serait analogue à celle de la codéine, mais plus atténuée. (KOBERT.)

En résumé, nous voyons que les polymères de la codéine, comme ceux de la morphine, peuvent se répartir en 5 séries :

1re série. **Codéine**, et ses dérivés chlorés, bromés, chlorocodide, bromocodide, pseudocodéine, etc., appartenant au type $C^{18}H^{21}AzO^3$;

2° série. **Dicodéine**, du type $(C^{18}H^{21}AzO^3)^2$ ou $C^{36}H^{42}Az^2O^6$;

3° série. **Tricodéine**, du type $(C^{18}H^{21}AzO^3)^3$ ou $C^{54}H^{63}Az^3O^9$;

4° série. **Tétracodéine**, bromotétracodéine du type $(C^{18}H^{21}AzO^3)^4$ où $C^{72}H^{84}Az^4O^{12}$.

5° série. Produits de l'action de l'acide iodhydrique sur la codéine en présence de phosphore, appartenant au type $[(C^{18}H^{21}AzO^3)^4 — 4CH^3].4IH$, dans lequel un ou plusieurs atomes d'iode ont pris la place de l'hydrogène.

DÉRIVÉS ACIDES DE LA CODÉINE

La codéine, comme la morphine, est susceptible de fournir des dérivés acides de substitution; mais, comme elle ne renferme plus qu'un groupe (OH), l'autre étant déjà remplacé par (OCH³), elle ne donne naissance qu'à une seule série de dérivés substitués.

Le procédé général de préparation de ces dérivés acides est le même que pour la morphine : il suffit de faire agir sur la codéine l'anhydride acide correspondant. Cette substitution n'enlève d'ailleurs à la codéine aucune de ses propriétés de base tertiaire, et les dérivés acides obtenus peuvent fournir avec les acides étendus des sels plus ou moins bien cristallisés et capables de s'unir encore aux iodures alcooliques pour donner les iodures de bases quaternaires.

On connaît ainsi :

L'*acétylcodéine*, $C^{18}H^{20}(C^2H^3O)AzO^3$ et ses dérivés iodéthylé et méthylé $C^{18}H^{20}(C^2H^3O)AzO^3.C^nH^{2n+1}I$;

La *propionylcodéine*, $C^{18}H^{20}(C^3H^5O)AzO^3$;
La *butyrilcodéine*, $C^{18}H^{20}(C^4H^9O)AzO^3$;
La *benzoylcodéine*, $C^{18}H^{20}(C^7H^5O) AzO^3$;
La *succinylcodéine*, $C^{18}H^{20}(C^4H^5O^3)AzO^3 + 5H^2O$;
La *camphorylcodéine*, $C^{18}H^{20}(C^{10}H^{15}O^3)AzO^3 + 4H^2O$.

DÉRIVÉS ALCOOLIQUES DE LA CODÉINE

La codéine, base tertiaire, se combine facilement aux iodures alcooliques en présence de l'alcool. Si on chauffe par exemple à 100° de la codéine avec de l'alcool méthylique et de l'iodure de méthyle ou de l'alcool éthylique et de l'iodure d'éthyle, on obtient par refroidissement une abondante cristallisation d'iodure de *méthyl* ou d'*éthylcodéine*.

$$C^{18}H^{21}AzO^3.CH^3I \text{ ou } C^{18}H^{21}AzO^3.C^2H^5I.$$

Ces iodures traités par l'oxyde d'argent humide fournissent l'hydrate de la base quaternaire, base très énergique, mais assez instable ; pour le dérivé méthylé, on peut représenter cette réaction par :
$$C^{18}H^{21}AzO^3.CH^3I + AgO = C^{18}H^{21}AzO^3.CH^3.OH + AgI.$$
Soumis à l'action de l'eau bouillante, cet hydrate perd les éléments de l'eau et donne pour le dérivé méthylé la *méthocodéine* (diméthylmorphine, méthylmorphineméthine), et pour le dérivé éthylé, son homologue supérieur l'*éthocodéine*.

$$C^{18}H^{21}AzO^3.CH^3.OH = H^2O + C^{18}H^{20}(CH^3)AzO^3, \text{ méthocodéine} ;$$
$$C^{18}H^{21}AzO^3.C^2H^5.OH = H^2O + C^{18}H^{20}(C^2H^5)AzO^3, \text{ éthocodéine}.$$

La **méthocodéine** s'obtient encore par l'ébullition de l'iodure de méthylcodéine avec un alcali. On épuise à la benzine, on purifie à l'état de chlorhydrate, et finalement on met la base en liberté avec de la soude et on l'enlève à l'éther.

$$C^{18}H^{21}AzO^3.CH^3I + NaOH = NaI + H^2O + C^{18}H^{20}(CH^3)AzO^3.$$

Cette base ainsi obtenue peut à son tour s'unir à l'iodure de méthyle pour donner $C^{18}H^{20}(CH^3)AzO^3.CH^3I$, qui, traité par le sulfate d'argent, se transforme en sulfate de la base quaternaire, et celle-ci peut être isolée de son sulfate par la baryte.

L'**éthocodéine**, comme son homologue inférieur, est une base tertiaire qui peut s'unir à l'iodure de méthyle pour donner un produit d'addition très important au point de vue des indications qu'il a fournies sur la constitution de la morphine et de la codéine.

Ce produit d'addition, $C^{18}H^{20}(C^2H^5)AzO^3.CH^3I$, traité par l'oxyde d'argent humide, donne une base $C^{18}H^{20}(C^2H^5)AzO^3. CH^3OH$, qui, chauffée à 130°, se transforme en un dérivé du phénanthrènequinone $C^{18}H^{10}O^2$ et de la méthyléthylpropylamine. (GERICHTEN et SCHRÖTTER.)

$$C^{18}H^{20}AzO^3(C^2H^5).CH^3(OH) = C^{18}H^{10}O^2$$
$$\text{méthyldioxy.}$$
$$\text{phénanthrène.}$$
$$+ Az(CH^3)(C^2H^5).(C^3H^7) + 2H^2O.$$

La **bromocodéine** se comporte comme la codéine vis-à-vis des iodures alcooliques; elle donne d'abord un produit d'addition $C^{18}H^{20}BrAzO^3.C^2H^5I$, que l'oxyde d'argent transforme en hydrate $C^{18}H^{20}BrAzO^3.C^2H^5.OH$, et celui-ci, par évaporation de sa solution aqueuse, perd les éléments de l'eau et se transforme en étho-bromocodéine $C^{18}H^{19}BrAzO^3 (C^2H^5)$.

Ce dernier, combiné à l'iodure de méthyle, puis

décomposé par l'oxyde d'argent, et enfin chauffé à 130°-140° donne un dérivé bromé du phénanthrènequinone et la même base tertiaire que donne l'éthocodéine :

$$C^{18}H^{19}(C^2H^5)BrAzO^3.CH^3.OH = C^{15}H^9BrO^2$$
$$+ Az(CH^3)(C^2H^5)(C^3H^7) + 2H^2O.$$

La méthylcodéine chauffée à 180°-190° avec de l'anhydride acétique donne de l'oxéthyldiméthylamine $Az(CH^3)^2(C^2H^4.OH)$, combinaison analogue à la choline, et de l'acétyl-méthyl-dioxyphénanthrène, $C^{18}H^{11}(C^2H^3O)O^2$, dont le point de fusion est 131°.

$$2C^{18}H^{20}(CH^3)AzO^3 + (C^2H^3O)^2O = 2C^{18}H^{11}(C^2H^3O)O^2$$
$$+ 2C^4H^{11}AzO + H^2O.$$

HOMOLOGUES SUPÉRIEURS DE LA CODÉINE

Codéthyline (Ethylmorphine), $C^{19}H^{23}AzO^3 + H^2O = C^{17}H^{18}AzO^2.OC^2H^5 + H^2O$. — Nous avons vu qu'en traitant la morphine par du méthylate de sodium et de l'iodure de méthyle, Grimaux avait obtenu la codéine. En remplaçant l'alcool méthylique par l'alcool éthylique, c'est-à-dire en faisant agir sur la morphine de l'éthylate de sodium et de l'iodure de méthyle, le même chimiste a obtenu l'homologue supérieur de la codéine, la *codéthyline* ou éther éthylique de la morphine.

La codéthyline se présente en cristaux tabulaires brillants, fondant à 83° et se prenant par le refroidissement en une masse vitreuse, amorphe. Elle se dissout dans 35-40 parties d'eau bouillante, et est très soluble dans l'alcool et l'éther.

L'acide sulfurique renfermant des traces d'oxyde de fer la colore en bleu.

La potasse, la soude, la précipitent de ses solutions salines, mais pas l'ammoniaque.

Elle se décompose déjà à 100°.

La codéthyline s'unit à l'iodure de méthyle pour donner l'iodure quaternaire $C^{19}H^{23}AzO^3.CH^3I$, dont l'oxyde d'argent sépare l'hydrate; ce dernier fond à 132° et donne avec l'acide sulfurique un sulfate cristallisé.

Dicodéthine (éther éthylénique de la morphine), $C^{36}H^{40}Az^2O^6 = C^2H^4(O.C^{17}H^{18}AzO^2)^2$. — S'obtient en chauffant la morphine avec de l'éthylate de sodium et du bromure d'éthylène. (GRIMAUX.) Elle cristallise de ses solutions alcooliques en fines aiguilles, se décomposant sans fondre à 200°. Elle est insoluble dans l'éther.

L'acide sulfurique associé au perchlorure de fer la colore en bleu.

CONSTITUTION DE LA MORPHINE ET DE
LA CODÉINE

Nous avons déjà eu l'occasion d'insister à plusieurs reprises sur les liens très étroits qui unissent la morphine et la codéine: nous nous occuperons donc ici indistinctement de l'une ou de l'autre de ces bases, tout ce qui pourra en être dit pouvant s'appliquer à l'autre, en faisant cette restriction que l'une, la codéine, est l'éther méthylique de l'autre.

Il est déjà établi que la morphine renferme deux groupes OH : les dérivés bisubstitués qu'elle fournit avec les anhydrides acides en sont une preuve; de plus,

la codéine, qui est de la morphine dans laquelle un (OH)
a été remplacé par (OCH³), donne encore une série de
dérivés substitués acides ; elle renferme donc encore
un groupe OH, et nous pouvons déjà représenter par
les formules suivantes ces deux alcaloïdes :

$$\text{Morphine } C^{17}H^{17}AzO(OH)^2.$$
$$\text{Codéine } \quad C^{17}H^{17}AzO(OH)(OCH^3).$$

Cette relation a été démontrée d'abord par Matthiessen et Wright, qui sont arrivés à ce résultat en
faisant agir l'acide chlorhydrique sur la codéine.

Nous avons vu plus haut, en effet, que dans cette
action on obtenait d'abord le chlorocodide (qui, traité
par l'eau à 130°, régénère la codéine), puis à une température plus élevée, l'apomorphine.

$$C^{18}H^{21}AzO^3 + HCl = C^{18}H^{20}ClAzO^2 + H^2O,$$
$$\text{codéine.} \qquad\qquad \text{chlorocodide.}$$

$$C^{18}H^{20}ClAzO^2 = C^{17}H^{17}AzO^2 + CH^3Cl,$$
$$\text{chlorocodide.} \qquad \text{apomorphine.}$$

Le produit final, après départ de H²O et de CH³Cl,
est donc le même que celui qui résulte de la déshydratation pure et simple de la morphine.

Ce fait, résultant des expériences de Matthiessen
et Wright, que la codéine est l'éther méthylique de la
morphine, a été démontré directement quelques années plus tard par Grimaux, qui a fait de la codéine
la synthèse élégante que nous avons déjà signalée.

En effet, en traitant de la morphine par l'iodure de
méthyle en présence de potasse, il se forme de la
codéine :

$$C^{17}H^{17}AzO(OH)^2 + CH^3I + KOH = C^{17}H^{17}AzO(OH)(OCH^3)$$
$$\text{morphine.} \qquad\qquad\qquad\qquad \text{codéine.}$$
$$+ KI + H^2O.$$

et en employant de l'iodure d'éthyle :

$$C^{17}H^{17}AzO(OH)^2 + C^2H^5I + KOH = C^{17}H^{17}AzO(OH)(OC^2H^5)$$

morphine.   codéthyline.

$$+ KI + H^2O.$$

Ces éthers de la morphine ont été l'objet d'une série de recherches dont le résultat a été de montrer que la morphine et la codéine sont les dérivés d'une phénanthrène-quinoline. Nous avons déjà vu d'ailleurs que la morphine distillée avec de la poudre de zinc, donne, entre autres produits, du phénanthrène et une base qui paraît être une phénanthrène-quinoline.

Ces recherches, commencées par Grimaux, ont été continuées par Gerichten et Schrötter, puis par Hesse. Nous allons les résumer rapidement ici, en faisant observer que, si nous nous laissons aller à des redites, si nous revenons sur des faits déjà exposés plus haut, c'est afin de mieux mettre sous les yeux du lecteur l'ensemble des faits qui ont permis d'arriver à une conclusion.

Ce procédé nous a paru plus avantageux que de renvoyer, pour chaque fait déjà cité, au chapitre où il a été signalé.

Les éthers de la morphine sont des bases tertiaires ; ils fournissent avec les iodures alcooliques des produits d'addition, et ceux-ci traités par l'oxyde d'argent donnent des hydrates du type de l'ammonium. Lorsqu'on distille ces hydrates, il y a dégagement d'une molécule d'eau et formation de nouvelles bases tertiaires qui probablement ne sont plus des bases pyridiques. C'est ainsi que le méthylhydrate de codéine se décompose d'après l'équation

$$C^{17}H^{17}O(OH)(OCH^3) \equiv Az\!\!<^{CH^3}_{OH} = H^2O +$$

$$C^{17}H^{16}O(OH)(OCH^3) = Az - CH^3.$$

et se transforme en *méthocodéine* (méthylmorphine-méthine de Hesse). Celle-ci fournit un dérivé mono-acétylé, ce qui prouve qu'elle renferme encore l'oxhydrile de la codéine.

L'éthylhydrate de codéine donne naissance, dans les mêmes conditions, à l'*éthocodéine* (méthylmorphiéthine de Hesse), $C^{17}H^{16}O(OH)(OCH^3)_2 = Az - C^2H^5$;

Celui de bromocodéine, à une *éthocodéine bromée*, $C^{17}H^{15}BrO(OH)(OCH^3) = Az - C^2H^5$.

Enfin si l'on distille l'éthylhydrate de codéthyline, on observe une réaction tout à fait semblable :

$$C^{17}H^{17}O(OH)(OC^2H^5) \equiv Az \begin{cases} C^2H^5 \\ OH \end{cases} = H^2O$$

$$+ C^{17}H^{16}O(OH)(OC^2H^5) = Az - C^2H^5$$

dont le produit est l'*éthocodéthyline*.

Ces quatre bases, la méthocodéine, l'éthocodéine, l'éthobromocodéine et l'éthocodéthyline sont des bases tertiaires. Elles fournissent avec l'iodure d'éthyle des produits d'addition dont les hydrates chauffés à 130° se décomposent suivant la loi d'Hofmann, en donnant de l'eau, une amine de la série grasse et un dérivé du phénanthrène.

Gerichten et Schrötter expriment ces décompositions par les équations suivantes :

$$C^{17}H^{16}O(OH)(OCH^3) = Az \begin{cases} C^2H^5 \\ -CH^3 \\ OH \end{cases} = 2H^2O + C^3H^7 - Az \begin{cases} C^2H^5 \\ CH^3 \end{cases}$$

méthylhydrate d'éthocodéine — méthyléthylpropylamine

$$+ C^{14}H^7O(OCH^3),$$

dérivé du phénanthrène.

$$C^{17}H^{16}BrO(OH)(OCH^3) = Az \begin{cases} C^2H^5 \\ -CH^3 \\ OH \end{cases} - 2H^2O + C^3H^7 - Az \begin{cases} C^3H^5 \\ CH^3 \end{cases}$$

méthylhydrate d'éthobromocodéine

$$+ C^{14}H^6 BrO(OCH^3),$$
dérivé du phénanthrène.

$$C^{17}H^{16}O(OH)(OC^2H^5) = Az{-}CH^3 \underset{\diagdown OH}{\overset{\diagup C^2H^5}{}} = 2H^2O + C^3H^7 - Az\underset{\diagdown CH^3}{\overset{\diagup C^2H^5}{}}$$
méthylhydrate d'éthocodéthyline.

$$+ C^{14}H^7O(OC^2H^5)$$
dérivé du phénanthrène.

Hesse prétend que la base qui se forme dans ces réactions ne peut pas être la méthyléthylpropylamine. Ayant répété l'expérience avec la méthocodéine, il a obtenu une base qu'il regarde comme de la triméthylamine; il s'éliminerait en même temps de l'alcool méthylique.

$$C^{17}H^{16}O(OH)OCH^3) = Az{-}CH^3 \underset{\diagdown OH}{\overset{\diagup CH^3}{}} = 2CH^3OH$$
alcool méthylique.

$$+ (CH^3)^3Az \qquad + C^{14}H^7O(OCH^3)$$
triméthylamine.   dérivé du phénanthrène.

La nature du produit basique de ces réactions reste donc encore douteuse, mais les produits non azotés paraissent bien devoir être considérés comme des dérivés du phénanthrène. Ils fournissent en effet cet hydrocarbure par distillation avec de la poudre de zinc.

Gerichten et Schrötter leur assignent les formules suivantes :

$$\begin{matrix} C^6H^4 \\ | \quad \diagup \\ CHO^3 - C^6H^3 \end{matrix}{>}C^2O \qquad et \qquad \begin{matrix} C^6H^4 \\ | \quad \diagup \\ C^2H^5O - C^6H^3 \end{matrix}{>}C^2O$$

L'existence de l'éthoxyle et du méthoxyle n'a pas été prouvée directement, mais elle découle de la formation des deux corps par une réaction tout à fait semblable en partant des deux éthers éthylique et méthylique de la morphine.

Une réaction plus simple a conduit dernièrement O. Fischer et Gerichten à un résultat analogue. En chauffant l'iodométhylate de diacétylmorphine avec de l'acétate d'argent et de l'anhydride acétique, ils ont obtenu de l'iodure d'argent, une amine dont l'odeur rappelle celle du hareng, et un corps de la formule $C^{18}H^{14}O^4$, qu'ils considèrent comme un diacétyldioxyphénanthrène. Il fournit en effet par saponification un corps $C^{14}H^{10}O^2$, qui a la composition et les propriétés d'un dioxyphénanthrène. Il est très facilement oxydable, fond à 143°, et n'est pas identique avec la phénanthrène-hydroquinone de Graebe.

Cette réaction peut être représentée par la formule :

$$C^{17}H^{17}O\,(O\,CO\,CH^3)^2 \equiv Az{\Big\langle}{{CH^3}\atop{I}} + CH^3\text{-}COO\,Ag + (CH^3\text{-}CO)^2O$$

iodométhylate de diacétylmorphine

$$= AgI + 3\,CH^3\text{-}COOH + C^4H^9Az + C^{14}H^8\,(O\,COCH^3)^2$$

Amino   diacétyldioxyphé-

grasse   nanthrène.

L'iodométhylate d'acétylcodéine, traité de la même manière, fournit un corps $C^{17}H^{14}O$, qui est probablement le dérivé monacétylé et monométhylé du dioxyphénanthrène ci-dessus :

$$C^{17}H^{17}O\,(OCH^3)\,(O\,CO\,CH^3) \equiv Az{\Big\langle}{{CH^3}\atop{I}} + CH^3\,COO\,Ag$$

$$+ (CH^3\,CO)^2O = AgI + 3\,CH^3\,COOH + C^4H^9Az$$

$$+ C^{14}H^8\,(OCH^3)\,(OCH^3\,CO)$$

acétoxyméthoxyphénanthrène.

Il résulte de l'ensemble des travaux qui viennent d'être résumés que la morphine et la codéine dérivent d'une phénanthrène-quinoline encore inconnue. Le noyau pyridique de cette base est probablement réduit. Renferme-t-il un groupe méthyle lié à l'azote? Non, si la base obtenue par Gerichten et Schrötter renferme le radical propyle; oui, si elle est, comme le prétend Hesse, de la triméthylamine ou de l'éthyl-diméthylamine. Ce point reste donc encore douteux; il sera sans doute élucidé par l'étude de l'amine C^4H^9Az obtenue en dernier lieu par O. Fischer et Gerichten.

Les deux hydroxyles de la morphine sont situés dans un des noyaux terminaux du phénanthrène, et cela dans la position relative qu'ils occupent chez l'acide protocatéchique. Cela résulte de l'observation faite par Barth et Weidel, que la morphine fournit ce dernier acide par fusion avec la potasse caustique. On peut donc admettre dans la morphine le groupe d'atomes suivant :

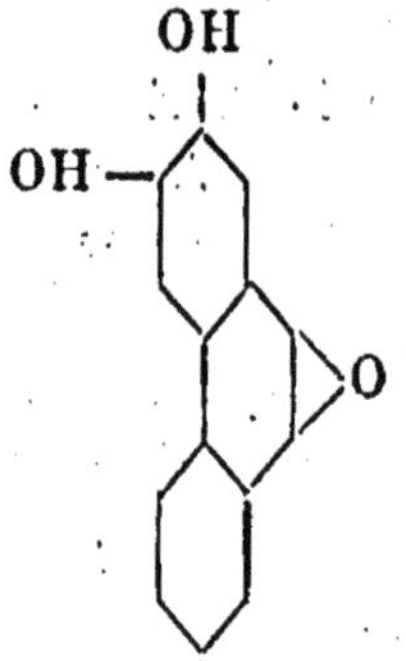

La formation de l'apomorphine, ainsi que le fait qu'un des deux hydroxyles de la morphine a un caractère phénolique et l'autre un caractère alcoolique, feraient supposer que le noyau benzinique qui les renferme est en partie réduit.

Telles étaient les données que l'on possédait sur la constitution de la morphine à la suite des travaux de

Grimaux, Fischer, Schrœtter, Gerichten et Hesse, quand plus récemment M. Knorr (*Ber. d. deutsch chem. Gesells.*, 1889, p. 181) a fait faire un grand pas à la question. Knorr a en effet repris l'étude des produits de la décomposition par la chaleur du méthylhydrate de méthylmorphineméthine, en s'attachant tout particulièrement à déterminer la nature de la base volatile dont la présence avait été signalée et qui serait de la méthyléthylpropylamine d'après Gerichten, et de la triméthylamine d'après Hesse. Nous avons vu que cette détermination était importante, et permettait seule de conclure à la présence dans la morphine d'un noyau pyridique.

En étudiant les chloraurate et chloroplatinate de cette base comparativement avec les mêmes sels de la triméthylamine, Knorr est arrivé à conclure que, dans la décomposition par la chaleur du méthylhydrate de méthylmorphineméthine, *il ne se dégageait que de la triméthylamine*, et que, avec le produit de l'action de l'anhydride acétique sur la méthylmorphineméthine il ne se dégageait, dans les mêmes conditions, *que de la diméthylamine*.

Ceci concorde avec les observations de Wertheim, Barth et Weidell, d'Anderson, qui ont démontré, par des réactions moins élégantes et quelquefois plus brutales, que la méthylamine était un produit de décomposition totale de la morphine.

Il résulte donc de ces faits la certitude que *des trois atomes de carbone de la morphine dont les modes de liaison étaient encore inconnus, l'un d'eux se trouve lié à l'azote à l'état de méthyle* et que par conséquent *la morphine ne renferme pas de noyau pyridique*.

De plus, en étudiant les produits fixes du dédoublement de la méthylmorphineméthine sous l'influence de l'anhydride acétique, Knorr a obtenu les résultats suivants :

1° De l'acétylméthyldioxyphénanthrône, identique à celui de Gerichten et Fischer ;

2° Une base huileuse, incristallisable, qui n'est autre que de la méthylmorphineméthine ayant échappé à l'action de l'anhydride acétique ;

3° Enfin *une base azotée* dont la découverte est de la plus haute importance au point de vue de la détermination de la constitution de la morphine, la (β-*oxéthyldiméthylamine :*)

$$CH^2\text{-}OH$$
$$|$$
$$CH^2\text{-}Az\ (CH^3)^2$$

produit intermédiaire entre l'oxéthylamine et la choline, et qui avait été déjà obtenu par Ladenburg en faisant agir la chlorhydrine glycolique sur la diméthylamine, et qu'il avait dénommé diméthyléthylalkine. Cette oxéthyldiméthylamine s'unit avec la plus grande facilité à l'iodure de méthyle pour donner l'iodhydrate de choline ; ceci démontre nettement que la choline, ou hydrate de triméthyloxéthylammonium,

$$Az \equiv \begin{cases} C^2H^4OH \\ (CH^3)^3 \\ OH \end{cases}$$

qui joue un rôle si considérable dans le règne végétal et animal, a de très grandes affinités avec la morphine.

On peut résumer de la façon suivante les conclusions qui découlent des recherches de Knorr :

1° La morphine, base tertiaire, renferme un groupe méthyle uni à l'azote, et ne contient par conséquent pas de noyau pyridique ;

2° Dans la méthylmorphineméthine, deux groupes méthyle sont liés à l'azote, et on ne peut expliquer la transformation de la codéine en méthylmorphineméthine que par le fait qu'une chaîne fermée renfermant l'azote de la morphine se serait ouverte ;

3° La morphine renferme un noyau de phénanthrène qui doit être partiellement réduit, étant donnée la richesse de la morphine en hydrogène ;

4° La méthylmorphineméthine se scinde nettement sous l'influence de l'anhydride acétique en β-oxéthyldiméthylamine et en un dérivé du phénanthrène. La liaison de ces deux groupements moléculaires doit s'effectuer dans le même sens que dans les combinaisons éthérées, et ne peut avoir lieu que par l'intervention de l'oxygène de l'oxéthyldiméthylamine ;

5° La morphine renferme un oxhydrile phénolique, un autre alcoolique et un atome d'oxygène indifférent, provenant probablement d'une liaison éthérée ;

6° L'oxhydrile alcoolique de la morphine conserve son caractère dans la méthylmorphineméthine, et n'acquiert de propriétés phénoliques qu'après le dédoublement de celle-ci en acétylméthyldioxyphénanthrène.

En tenant compte de tous ces faits, il semble que la formule suivante exprime d'une manière assez nette le résultat des recherches de Knorr :

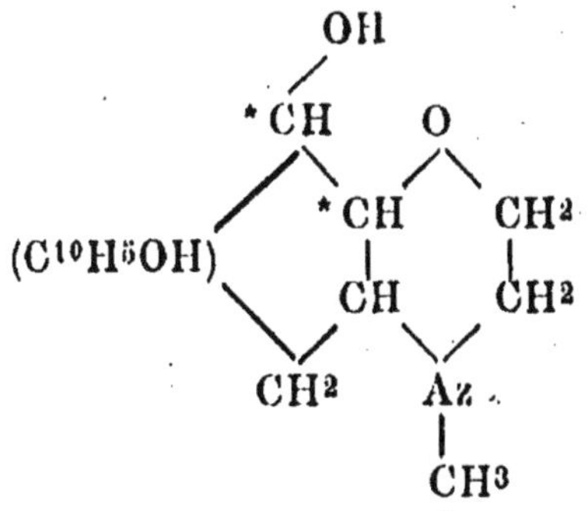

$$
\begin{array}{ccc}
& OH & \\
& | & \\
& {}^{*}CH & O \\
& \diagup \quad {}^{*}CH \quad CH^{2} \\
(C^{10}H^{5}OH) & | \quad | \\
& CH \quad CH^{2} \\
& \diagdown \quad \diagup \\
& CH^{2} \quad Az \\
& | \\
& CH^{3}
\end{array}
$$

cependant il reste encore douteux si l'oxhydrile alcoolique est uni à l'un ou à l'autre des groupes CH marqués d'un *.

Dans ces conditions la transformation du méthylhydrate de codéine en méthylmorphineméthine pourrait se représenter par :

$$= H^2O + (C^{10}H^5OCH^3)$$

et le dédoublement de l'acétylméthylmorphineméthine en acétylméthyldioxyphénanthrène et oxéthyldiméthylamine peut s'expliquer de la manière suivante :

Une autre conséquence de cette hypothèse, c'est que la morphine ne sera plus un dérivé de la phénanthrène-quinoline mais elle se rattacherait à une base hypothétique

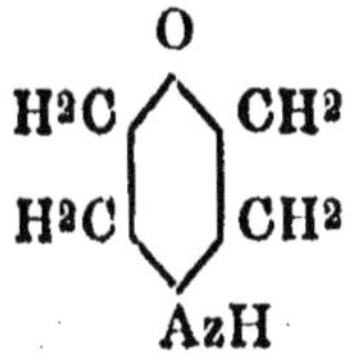

$$\begin{array}{ccc}
& O & \\
H^2C & \diagup\!\diagdown & CH^2 \\
H^2C & \diagdown\!\diagup & CH^2 \\
& AzH &
\end{array}$$

qui serait à envisager comme de l'oxazine complètement réduite ou comme de la pipéridine dans laquelle le groupe CH^2 se trouvant en para par rapport à l'azote, aurait été remplacé par un atome d'oxygène. Knorr a réussi à préparer par des moyens détournés cette base qu'on peut considérer comme l'anhydride interne de la dioxéthylamine.

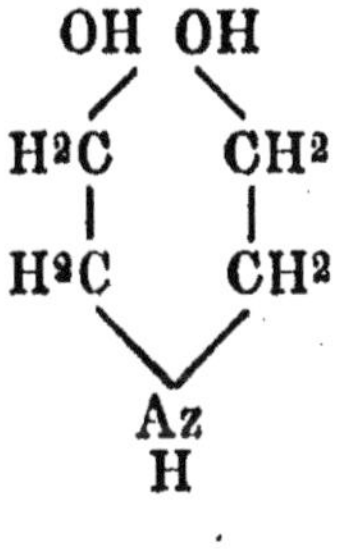

$$\begin{array}{ccc}
OH & & OH \\
\diagup & & \diagdown \\
H^2C & & CH^2 \\
| & & | \\
H^2C & & CH^2 \\
\diagdown & & \diagup \\
& Az & \\
& H &
\end{array}$$

Les dérivés méthylé et phénylé de cette base, qui a beaucoup d'analogie avec la pipéridine, ne possèdent pas de propriétés toxiques analogues à celles de la morphine, mais par contre une autre base, comparable à la tétrahydroquinoline,

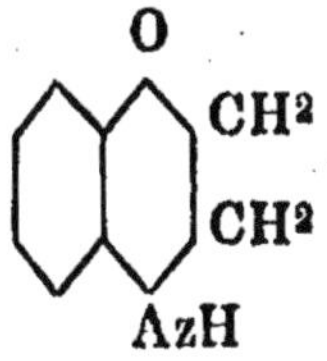

$$\begin{array}{cc}
& O \\
\diagup\!\diagdown & CH^2 \\
\diagdown\!\diagup & CH^2 \\
& AzH
\end{array}$$

et que l'auteur appelle *Phènemorpholine*, possède des propriétés physiologiques qui se rapprochent beaucoup de celles de la morphine, ce qui permet d'admettre que la morphine doit ses précieuses propriétés physiologiques à un groupement de ses molécules analogue à celui qu'on trouve dans la série de la morpholine.

Tels sont aujourd'hui les résultats des recherches faites en vue de déterminer la constitution de la morphine. Sans être encore définitivement résolu, le problème laisse entrevoir une prochaine et complète solution.

CHAPITRE IV

PSEUDOMORPHINE

$$C^{34}H^{36}Az^2O^6$$

(Syn. : Déhydromorphine, oxymorphine, oxydimorphine)

Cet alcaloïde a été retiré, en 1835, des eaux mères du sel de Grégory par Pelletier et Thibouméry, et étudié plus tard par Hesse qui lui attribua d'abord la formule $C^{17}H^{19}AzO^4$ et démontra son identité avec le produit d'oxydation ménagée de la morphine obtenu par Schutzenberger par l'action de l'acide azoteux sur la morphine (V. plus haut *Oxymorphine* et *Oxydimorphine*). A la suite de nouvelles analyses de l'alcaloïde séché à 130°, Hesse adopta la formule proposée par Polstorff $C^{34}H^{36}Az^2O^6$ soit $(C^{17}H^{18}AzO^3)^2$ représentant la composition de l'oxymorphine ou oxydimorphine[1].

1. Dans beaucoup d'ouvrages, on trouve pour la pseudomorphine la formule $C^{17}H^{17}AzO^3$ ou $(C^{17}H^{17}AzO^3)^2$. D'après les recherches de Polstorff, il semble cependant impossible d'admettre la formule $C^{17}H^{17}AzO^3$, même doublée : en particulier le rendement en pseudomorphine obtenu dans l'action du ferricyanure de potassium et de la potasse sur la morphine, en employant molé-

Nous avons déjà vu plus haut que la pseudomorphine existait en quantités variables mais toujours minimes, dans les différentes sortes d'opium, et que, en raison même de la facilité avec laquelle la morphine s'oxydait dans certaines conditions, on était fondé à se demander si la pseudomorphine préexiste réellement dans l'opium, ou si elle ne s'y trouve que par suite d'une transformation de la morphine.

Nous ne reviendrons, ici, ni sur les modes de préparation de la pseudomorphine par oxydation de la morphine (V. p. 29), ni sur ses propriétés physiques et chimiques qui ont été déjà signalées.

Nous nous bornerons à exposer le mode d'extraction de cet alcaloïde en partant de l'opium et à donner quelques indications sur ses principaux sels.

Préparation. — En suivant le procédé de Grégory, la pseudomorphine reste dans les eaux mères après la séparation de la morphine et de la codéine. Ces eaux mères sont additionnées d'alcool et précipitées par l'ammoniaque qui élimine les dernières traces de morphine restées en dissolution. On filtre, on acidule à l'acide chlorhydrique, et on chasse tout l'alcool par évaporation. Une nouvelle addition d'ammoniaque dans le liquide aqueux précipite la pseudomorphine qu'on purifie à l'état de chlorhydrate. »

La pseudomorphine récemment précipitée renferme $3H^2O$ qu'elle ne perd qu'à 130°. Elle est insoluble dans l'eau, l'alcool, l'éther, le chloroforme, le sulfure de carbone, l'acide sulfurique étendu et les carbonates alcalins. Les alcalis caustiques, la chaux, la baryte et

cules égaux de chacun des corps, nécessite l'adoption de la formule $C^{17}H^{18}AzO^3$, simple ou doublée. C'est elle que nous adopterons.

l'ammoniaque alcoolique la dissolvent facilement; elle est peu soluble dans l'ammoniaque aqueuse.

L'acide sulfurique concentré la dissout avec une coloration vert olive.

Avec l'acide nitrique elle donne une coloration jaune orangé qui passe bientôt au jaune. La pseudomorphine est lévogyre, mais son pouvoir rotatoire est moindre en solution acide qu'en solution alcaline. — Elle n'est pas attaquée par les agents réducteurs, mais l'hydrogène naissant la retransforme en morphine.

Elle fournit un dérivé diacétylé, ce qui montre que les deux hydroxyles de la morphine existent aussi dans sa molécule.

SELS DE PSEUDOMORPHINE

Chlorhydrate de pseudomorphine, $C^{34}H^{36}Az^2O^6$ $2HCl + 2H^2O$. — Poudre blanche cristalline, soluble dans 70 parties d'eau à 20°. Ce sel n'a pas de saveur amère.

Chloroplatinate de pseudomorphine, $(C^{34}H^{36}Az^2O^6.2HCl)PtCl^4 + 8H^2O$. — Précipité floconneux, jaune, amorphe.

Iodhydrate de pseudomorphine, $C^{34}H^{36}Az^2O^6.2IH + 2H^2O$. — Petits prismes, solubles à 18° dans 793 parties d'eau.

Sulfate de pseudomorphine, $C^{34}H^{36}Az^2O^6.SO^4H^2 + 6H^2O$. — Petites écailles solubles dans 422 parties d'eau à 20°. Insoluble dans l'alcool et l'acide sulfurique dilué.

Bichromate de pseudomorphine, $C^{34}H^{33}Az^2O^6.Cr^2H^2O^7 + 6H^2O$. — Précipité cristallin, jaune, soluble à 18° dans 1090° parties d'eau. Il perd $4H^2O$ dans l'air sec, $6H^2O$ à 80° et déflagre au-dessus de 100°.

Oxalate de pseudomorphine, $C^{34}H^{36}Az^2O^6.C^2H^2O^4 + 6H^2O$. Précipité cristallin blanc, soluble dans 1940 parties d'eau à 20°.

Bitartrate de pseudomorphine, $C^{34}H^{36}Az^2O^6.(C^4H^6O^6)^2 + 12H^2O$. — Petits prismes solubles dans 429 parties d'eau à 18°.

DÉRIVÉS ALCOOLIQUES ET ACIDES

La pseudomorphine donne un dérivé méthylé, la *méthylpseudomorphine* $[C^{17}H^{18}AzO^3.CH^3(OH)]^2 + 8H^2O$. qu'on obtient en faisant agir le ferricyanure de potassium sur une solution alcaline d'iodure de méthylmorphine. L'oxyiodure ainsi obtenu est transformé en sulfate, d'où la base est mise en liberté par la baryte.

Poudre cristalline très soluble dans l'eau.

La *Diacétylpseudomorphine* $[C^{17}H^{16}(C^2H^3O)^2AzO^3 + 4H^2O]^2$ s'obtient en traitant la pseudomorphine par de l'anhydride acétique à 120°.—Prismes aplatis perdant toute leur eau sur l'acide sulfurique, fusibles à 276°, solubles dans l'alcool, l'éther et le chloroforme.

CHAPITRE V

THÉBAÏNE

$$C^{10}H^{21}AzO^3 = C^{17}H^{16}AzO(OCH^3)^2$$

La thébaïne existe dans les diverses variétés d'opium dans la proportion de 0^{gr},20 à 1 gr. p. 100, selon la provenance.

Elle a été découverte en 1835 par Pelletier et Thibouméry dans les eaux mères du sel de Grégory. L'étude de cet alcaloïde a été faite par Pelletier, Couerbe, Kane, Anderson et plus récemment par Hesse.

Préparation : 1° Pelletier traitait l'opium par un lait de chaux, pour mettre en liberté les alcaloïdes et séparer ceux qui, comme la morphine, se dissolvent dans les liqueurs alcalines. Le précipité calcaire, lavé, desséché était épuisé à l'alcool bouillant; les solutions alcooliques réunies étaient distillées, puis évaporées à sec et le résidu repris par l'éther qui dissolvait la thébaïne. Celle-ci était alors purifiée par plusieurs cristallisations.

2° Anderson a modifié de la façon suivante le mode d'extraction de la thébaïne : après avoir séparé la morphine et la codéine à l'état de chlorhydrate (sel de

6.

Grégory), on ajoute de l'ammoniaque aux eaux mères pour précipiter la narcotine et la thébaïne; la narcéine reste dissoute. Le précipité est recueilli, lavé, redissous dans l'alcool qui laisse tout d'abord déposer la narcotine. Après avoir séparé celle-ci, on évapore à sec la solution alcoolique, le résidu est dissous dans l'acide acétique étendu et cette solution additionnée de sous-acétate de plomb en excès, qui précipite un peu de résine et les dernières traces de narcotine. On sépare dans la liqueur filtrée l'excès de plomb par l'acide sulfurique et on précipite la thébaïne par l'ammoniaque. On la purifie par plusieurs cristallisations et décoloration au noir animal.

3° Hesse précipite directement le liquide aqueux d'épuisement de l'opium par la soude ou la chaux et, sans filtrer agite, directement avec de l'éther. La solution éthérée, décantée, est agitée avec de l'acide acétique qui lui enlève tous les alcaloïdes dissous et la solution acétique est versée en agitant dans un excès de lessive de soude. Au bout de 24 heures on rassemble le précipité, on le traite par l'acide acétique, on décolore au charbon et on ajoute de l'acide tartrique en poudre qui, après 14 heures de repos, donne un précipité de bitartrate de thébaïne, qu'on peut facilement purifier et d'où on retire l'alcaloïde. On peut encore précipiter la thébaïne à l'état de salicylate (V. page 7).

PROPRIÉTÉS PHYSIQUES ET CHIMIQUES
DE LA THÉBAÏNE

La thébaïne cristallise de ses solutions dans l'alcool aqueux bouillant en petits feuillets brillants, ressemblant à l'acide benzoïque : de ses solutions dans l'alcool fort elle cristallise en prismes assez volumineux.

Elle fond à 193°, possède une réaction franchement alcaline, mais est complètement insipide. Elle est lévogyre : en solution dans l'alcool à 97°, son pouvoir rotatoire est $[\alpha]j = -218°64$. (Hesse). A peu près insoluble dans l'eau froide, elle se dissout facilement dans l'alcool, le chloroforme, le benzol : elle ne se dissout que dans 140 parties d'éther à 10°.

100 parties d'alcool méthylique froid en dissolvent 1 partie 67 et 100 parties de benzol en dissolvent 5 parties 27.

La thébaïne s'unit aux acides pour donner des sels, qui comme l'alcaloïde lui-même sont extrêmement toxiques; la thébaïne est en effet, d'après Claude Bernard, le plus toxique des alcaloïdes de l'opium.

L'acide sulfurique concentré dissout la thébaïne avec coloration rouge. Plus étendu (d = 1.300) il la dissout à froid, mais la dissolution légèrement chauffée laisse déposer un résidu qu'on peut redissoudre dans l'eau bouillante, d'où il se reprécipite à l'état cristallin par refroidissement.

En général les acides minéraux, même étendus et froids, décomposent la thébaïne.

Chauffée avec de l'acide chlorhydrique étendu elle se transforme en son isomère la *thébénine*, et si l'acide est concentré on obtient la *thébaïcine* (V. plus loin).

Chauffée à 90° en tube scellé avec HCl, HBr, très concentrés, elle se transforme en *morphothébaïne*. L'acide azotique concentré donne des vapeurs rouges et la solution jaune traitée par la potasse devient brune et dégage une base volatile.

Le chlore et le brome attaquent la thébaïne avec production de matières résineuses.

La thébaïne est précipitée de ses solutions salines par tous les réactifs généraux des alcaloïdes. Comme réaction particulière citons l'action de l'acide sulfurique concentré, du réactif de Frœhde, du réactif d'Erdmann, de l'acide sulfovanadique, qui tous la colorent en rouge vif.

Bromothébaïne. — L'eau de brome ajoutée à une solution de thébaïne dans l'acide bromhydrique donne un précipité rougeâtre, qui disparaît tant que la thébaïne est en excès; quand le précipité devient persistant on filtre, on précipite par l'ammoniaque qui produit un précipité rougeâtre qui rapidement devient bleu. Sa composition répond à la formule $C^{19}H^{20}BrAzO^3$. Un excès d'eau bromée donne un précipité jaune rougeâtre de tétrabromure de bromothébaïne $C^{19}H^{20}BrAzO^3.Br^4$.

La thébaïne donne avec les iodures et chlorures alcooliques des combinaisons d'addition, comme toutes les bases tertiaires. Ces composés s'obtiennent en général en chauffant la thébaïne avec l'iodure ou le chlorure alcoolique après dissolution préalable dans l'alcool correspondant, puis précipitant par l'éther.

On connaît l'*iodométhylate de thébaïne*, $C^{19}H^{21}AzO^3$. CH^3I, petits cristaux prismatiques, retenant une molécule d'alcool de cristallisation, assez solubles dans l'eau.

L'*iodéthylate* $C^{19}H^{21}AzO^3.C^2H^5I$ cristallise dans l'alcool en fines aiguilles.

Le *chloréthylate* $C^{19}H^{21}AzO^3.C^2H^5Cl$ cristallise en fines aiguilles blanches, de même que le produit d'addition obtenu avec le chlorure de benzyle.

SELS DE THÉBAÏNE

Les sels de thébaïne ne peuvent être obtenus cristallisés de leurs solutions aqueuses, en raison de la facilité avec laquelle une trace d'acide minéral suffit à transformer la thébaïne en produits résineux et en isomères amorphes. On les obtient cristallisés en employant l'alcool ou l'éther.

Les solutions aqueuses des sels de thébaïne sont précipités par les alcalis caustiques, les carbonates alcalins, l'ammoniaque et les bicarbonates alcalins.

Chlorhydrate de thébaïne, $C^{10}H^{21}AzO^3.HCl+H^2O$. — Se prépare en traitant la thébaïne en suspension dans l'alcool par une solution alcoolique d'acide chlorhydrique jusqu'à complète dissolution, en évitant un excès d'acide. Par évaporation lente, on obtient de gros prismes rhombiques solubles dans 15,8 parties d'eau à 10° et perdant leur eau de cristallisation à 100°. Ses solutions aqueuses se colorent peu à peu en jaune et par évaporation laissent un résidu résineux.

Il est peu soluble dans l'alcool, surtout absolu, insoluble dans l'éther.

Chloroplatinate de thébaïne, $[C^{10}H^{21}AzO^3.HCl]^2$ $PtCl^4+2H^2O$. — Précipité amorphe jaune, se transformant peu à peu en cristaux microscopiques, peu solubles dans l'eau bouillante.

Le chloraurate est un précipité orangé, amorphe, fusible à 100°.

Le chloromercurate est un précipité blanc, amorphe, n'ayant pas de composition constante.

Le sulfate s'obtient en ajoutant de l'acide sulfurique à une solution éthérée de thébaïne : il se forme une masse résineuse qui finit par cristalliser.

Oxalate neutre de thébaïne, $(C^{19}H^{21}AzO^3)^2C^2H^2O^4 +6H^2O$. — S'obtient en dissolvant la thébaïne dans l'acide oxalique jusqu'à neutralisation. Prismes incolores groupés en choux-fleurs, solubles dans 10 parties d'eau froide. Par addition d'une quantité équivalente d'acide oxalique, il se transforme en oxalate acide $(C^{19}H^{21}AzO^3).C^2H^2O^4 + H^2O$ gros prismes incolores peu solubles dans l'eau.

Tartrate acide de thébaïne, $C^{19}H^{21}AzO^3.C^4H^6O^6 +H^2O$. — S'obtient par addition d'acide tartrique à un sel de thébaïne ou en dissolvant l'alcaloïde dans l'acide tartrique en excès. Prismes déliés, solubles dans l'alcool et l'eau bouillante.

Le tartrate neutre s'obtient en saturant le bitartrate par un excès de thébaïne qu'on enlève ensuite à l'éther. Très soluble dans l'eau.

Méconate de thébaïne, $(C^{19}H^{21}AzO^3)^2C^7H^4O^7 + 6H^2O$. — Cristallise en prismes de ses solutions alcooliques. Soluble dans 130 parties d'eau froide; soluble dans l'eau chaude et l'alcool.

ACTION DES ACIDES CHLORHYDRIQUE ET BROMHYDRIQUE

Quand on fait agir l'acide chlorhydrique ou dans certains cas de l'acide bromhydrique à différents degrés de concentration sur la thébaïne, on obtient deux sortes de produits bien distincts : les premiers sont des produits de transformation isomérique de la thébaïne, la *thébénine* et la *thébaïcine*, le second est un produit de déméthylation de la thébaïne et s'appelle *morphothébaïne*.

Thébénine, $C^{19}H^{21}AzO^3$. — On l'obtient en faisant bouillir pendant quelque temps 1 partie de thébaïne avec 20 parties d'acide chlorhydrique ($d=1.04$) puis on y ajoute un volume égal d'eau froide; au bout de deux jours, on sépare les cristaux de chlorhydrate de thébénine formés et on les fait recristalliser dans de l'eau bouillante additionnée d'acide acétique. Le chlorhydrate cristallise par refroidissement; on en sépare la base en traitant la solution aqueuse de ce sel par le bisulfite de soude : la thébénine précipite en flocons.

La thébénine est une base amorphe, insoluble dans l'éther, la benzine, peu soluble dans l'alcool bouillant, insoluble dans l'ammoniaque, soluble dans la potasse, Ses solutions alcalines sont très altérables; elles s'oxydent rapidement en se colorant en brun noir.

Les acides la transforment facilement en thébaïcine.

L'acide sulfurique concentré la dissout en donnant une *belle coloration bleue caractéristique* qui disparaît par addition d'eau, et que l'addition d'acide en excès fait réapparaître.

Les sels de thébénine sont en général bien cristallisés, et assez peu solubles dans l'eau.

On connaît le chlorhydrate, le chloromercurate, le sulfate, l'oxalate et le sulfocyanate, sur lesquels nous n'insisterons pas.

Détail curieux à noter cependant : le chlorhydrate de thébénine, le seul qui ait été expérimenté au point de vue physiologique, ne paraît pas toxique. Il y aurait sous ce rapport une différence considérable entre la thébaïne et son isomère la thébénine.

Thébaïcine. — Cette base, peu étudiée d'ailleurs, prend naissance dans l'action de l'acide chlorhydrique concentré bouillant sur la thébaïne ou la thébénine. Hesse lui attribue la même composition que celle de ces deux dernières bases.

La thébaïcine est jaune, amorphe, insoluble dans l'eau, l'ammoniaque, l'éther et la benzine, un peu soluble dans l'alcool bouillant. La potasse la dissout assez facilement, mais cette solution s'altère et se colore à l'air. L'acide sulfurique concentré la dissout en la colorant en bleu foncé ; l'acide azotique la dissout avec coloration rouge. Les sels de thébaïcine sont amorphes.

Morphothébaïne. — $C^{17}H^{17}AzO^3 = C^{17}H^{15}(OH)^3$.

Quand on traite la thébaïne par de l'acide chlorhydrique au maximum de concentration, ou mieux par de l'acide bromhydrique très concentré, en tube scellé à 90°, il se forme de la morphothébaïne et il se dégage du chlorure ou du bromure de méthyle :

$$C^{17}H^{15}AzO(OCH^3)^2 + 2HCl = C^{17}H^{15}AzO(OH)^2 + 2CH^3Cl$$
$$\text{thébaïne} \qquad\qquad \text{morphothébaïne}$$

Cette nouvelle base a été obtenue et étudiée par Howard, ainsi que presque tous les dérivés de la thébaïne. La morphothébaïne cristallise en tables fusibles à 190-191°. C'est une base tertiaire, que les alcalis précipitent en flocons gris bleu, solubles dans un excès de précipitant. — Elle n'est pas toxique. — Sa composition la rapproche beaucoup de la pseudomorphine et de la morphine.

La thébaïne peut être considérée comme l'éther diméthylique de la morphothébaïne, comme la codéine est l'éther méthylique de la morphine ; cependant, quoique son mode de formation doive faire admettre chez elle l'existence de deux hydroxyles, Howard n'a pu en préparer jusqu'à présent qu'un dérivé monacétylé.

Les sels de morphothébaïne cristallisent assez facilement, mais sont quelquefois peu stables.

Un fait à noter, c'est que cette base donne avec les acides bromhydrique et chlorhydrique des sels acides et des sels neutres.

Les sels acides tels que $C^{17}H^{17}AzO^3,2HCl$, s'obtiennent en chauffant en vase clos à 90° pendant quelques minutes 1 partie de thébaïne et 10-15 parties d'acide chlorhydrique ou bromhydrique concentré : le tube se tapisse rapidement de fines aiguilles : quand elles cessent de se produire, on refroidit le tube, on filtre rapidement et on dessèche dans le vide sur de la potasse.

Les chlorhydrate et bromhydrate acides ainsi obtenus, bouillis avec de l'alcool, se transforment en sels neutres, insolubles dans l'alcool, solubles dans l'eau. Leur composition répond à la formule $C^{17}H^{17}AzO^3HCl$.

On connaît un dérivé monacétylé de la morphothébaïne, répondant à la formule $C^{17}H^{16}AzO^3(C^2H^3O)$, obtenu en chauffant le bromhydrate de morphothébaïne avec l'anhydride acétique et de l'acétate de soude.

Il cristallise en lamelles plates fusibles à 183°.

Parmi les dérivés alcooliques d'addition de la morphothébaïne, citons :

L'iodométhylate de morphothébaïne $C^{17}H^{17}$ $AzO^3.CH^3I$. — Cristallise en tables quadratiques, insolubles dans l'alcool, solubles dans l'acide acétique. Le méthylhydrate de morphothébaïne isolé de cet iodure par l'oxyde d'argent, bouilli avec de l'eau laisse dégager de la triméthylamine.

L'iodéthylate, $C^{17}H^{17}AzO^3.C^2H^5I$, est en fines aiguilles solubles dans l'alcool.

CONSTITUTION DE LA THÉBAÏNE

La constitution de la thébaïne n'est pas encore bien connue; on sait que c'est une base tertiaire, et, comme telle, capable de s'unir aux chlorures, et iodures alcooliques.

On sait de plus qu'elle renferme deux groupes méthoxyle (OCH^3) qui, sous l'influence de l'acide chlorhydrique ou bromhydrique sont saponifiés et transformés en hydroxyles; cependant on n'a pu arriver encore à préparer le dérivé diacétylé de la thébaïne.

Enfin, en appliquant la méthode de Hofmann que nous avons vu appliquer à la codéine, Howard a constaté que la scission de la molécule a lieu, non pas, comme chez la codéine, après deux additions successives d'un iodure alcoolique, mais après une seule, la distillation sèche du méthylhydrate de thébaïne fournissant déjà de la triméthylamine et un corps $C^{14}H^{12}O^3$, en aiguilles fusibles au-dessus de 280° (peut-être un dérivé du phénanthrène?). Howard conclut de cette réaction inusitée que la thébaïne ne renferme pas de noyau pyridique.

Ce sont là les seules données que l'on possède actuellement sur la constitution de la thébaïne.

CHAPITRE VI

CODAMINE — LAUDANINE
LAUDANOSINE

I. — *Codamine*, $C^{20}H^{23}AzO^4$.

La codamine a été découverte par Hesse, dans le produit que Merck avait appelé *porphyroxine* et qui n'est qu'un mélange de laudanine, méconidine, lanthopine, codamine et laudanosine.

Ces différentes bases existent en très faible quantité dans l'opium ; Hesse n'a pu en isoler que de $0^{gr},33$ à $0^{gr},58$ de 100 kilogrammes d'opium.

La codamine reste en dissolution quand la solution aqueuse d'opium a été alcalinisée par la chaux ou le carbonate de soude. On épuise d'abord cette solution à l'éther puis on agite le liquide éthéré avec de l'acide acétique pour redissoudre les alcaloïdes enlevés par l'éther.

La solution acétique est neutralisée exactement par l'ammoniaque, ce qui précipite la lanthopine. On filtre et on ajoute un excès d'ammoniaque qui précipite alors la codamine avec la laudanine et la méconidine. Le précipité est dissous dans l'éther qui abandonne par évaporation d'abord la laudanine, puis la codamine mélangée de méconidine. On la débarrasse de cette dernière en la faisant chauffer avec de l'acide sulfurique étendu qui décompose la méconidine, et enfin on précipite par l'ammoniaque et on agite avec de l'éther qui dissout la codamine et l'abandonne par évaporation.

Elle se présente en cristaux prismatiques hexagonaux assez volumineux, fusibles à 121°. Elle est assez soluble dans l'eau bouillante, très soluble dans l'éther, le chloroforme, le benzol et l'alcool. Ses solutions ont une réaction alcaline. Elle est insipide, mais ses sels ont une saveur amère.

La codamine récemment précipitée se dissout dans les alcalis, surtout dans la potasse.

L'acide azotique concentré la dissout en se colorant en vert foncé; l'acide sulfurique renfermant une trace de perchlorure de fer la dissout en se colorant en bleu verdâtre, à froid, et en violet quand on chauffe à 150°.

Le perchlorure de fer la colore en vert foncé.

La plupart de ses sels sont amorphes. Le chloroplatinate $(C^{20}H^{25}AzO^4.HCl)^2PtCl^4 + 2H^2O$ est un précipité jaune amorphe. L'iodhydrate $C^{20}H^{25}AzO^4.HI + 1\ 1/2\ H^2O$ est une poudre cristalline peu soluble dans l'eau.

La codamine est isomère avec la laudanine.

II. — *Laudanine*, $C^{20}H^{25}AzO^4$.

La laudanine s'extrait de l'opium en même temps que la codamine (V. plus haut). Après séparation de la codamine on la dissout dans l'acide acétique et la solution acétique est précipitée par un excès de soude, pour séparer une petite quantité de cryptopine qui l'accompagne. La solution alcaline de laudanine est filtrée et traitée par le chlorure ammonique : le précipité obtenu est dissous dans l'acide acétique et la laudanine est précipitée dans cette liqueur par l'iodure de potassium.

La base est mise en liberté par l'ammoniaque et recristallisée dans l'alcool aqueux.

Propriétés. — La laudanine cristallise en petits prismes hexagonaux groupés en étoiles, fusibles à 166°, très solubles dans le chloroforme et le benzol, peu solubles dans l'alcool froid. Elle se dissout à + 18° dans 647 parties d'éther.

Elle est précipitée de ses sels par la soude et la potasse en flocons amorphes, devenant cristallins au bout de quelque temps, et solubles dans un excès d'alcali.

Le chloroforme l'enlève à ses solutions ammoniacales, mais pas aux solutions potassiques.

L'acide sulfurique additionné de perchlorure de fer la dissout avec une coloration rose intense, devenant violette à 150°; l'acide sulfurique pur la colore en rose pâle et le perchlorure de fer en vert émeraude. L'acide nitrique la dissout en se colorant en jaune orange.

Elle est insipide comme la codamine, mais ses sels sont amers.

La potasse donne avec elle une combinaison cristallisée en houppes formées de cristaux aiguillés, solubles dans l'eau et l'alcool, insolubles dans la potasse en excès.

La laudanine est toxique, et son chlorhydrate agit à peu près à la manière de la strychnine. Cet alcaloïde *en solution chloroformique* est lévogyre $[\alpha]_j = -13°,2$ mais *ses solutions alcooliques et acides* sont sans action sur la lumière polarisée.

D'après les recherches qui ont été faites sur sa constitution, recherches forcément limitées par la faible quantité de substance qu'on peut avoir à sa disposition, la laudanine renfermerait 3 méthoxyles et un hydroxyle. On peut la représenter par la formule $C^{17}H^{15}Az(OCH^3)^3(OH)$.

Le permanganate de potasse en solution alcaline la transforme en acide méta-hémipinique $(CH^3O)^2C^6H^2(CO^2H)^2(1.2.4.5)$.

La laudanine est isomère avec la codamine.

Parmi les sels de laudanine qui ont été étudiés, citons :

Le chlorhydrate $C^{20}H^{25}AzO^4.HCl + 6H^2O$, masses mamelonnées solubles dans l'eau et peu solubles dans le chlorure de sodium.

Le bromhydrate cristallise comme le chlorhydrate.

Le chloroplatinate est un précipité jaune amorphe.

L'iodhydrate est une poudre cristalline peu soluble dans l'eau, insoluble dans l'iodure de potassium.

Le sulfate neutre cristallise en petits prismes, solubles dans l'eau, insolubles dans l'acide sulfurique même très dilué.

III. — *Laudanosine*, $C^{21}H^{27}AzO^4$.

La laudanosine accompagne la thébaïne, avec un peu de cryptopine, dans le procédé d'extraction de Hesse que nous avons signalé pour la thébaïne. Pour la purifier, on met à profit sa plus grande solubilité dans l'éther, et on termine en la transformant en acétate, la précipitant par l'iodure de potassium, et décomposant l'iodhydrate de laudanosine par l'ammoniaque. Enfin on la fait cristalliser dans l'alcool ou le benzol.

Elle cristallise en aiguilles prismatiques fusibles à 89°. Elle est insoluble dans l'eau et les alcalis, très soluble dans la benzine, l'éther de pétrole, l'alcool, le chloroforme, soluble dans 20 parties d'éther; ses solutions ont une réaction franchement alcaline.

Le perchlorure de fer ne la colore pas ; l'acide sulfurique additionné de perchlorure de fer la dissout en se colorant en brun rouge, coloration qui à 150° devient verte puis violette. Sa saveur est faiblement amère, mais ses sels ont une amertume très prononcée.

Elle dévie à droite la lumière polarisée.

Ses sels sont peu étudiés : Hesse a obtenu son chloroplatinate, précipité jaune amorphe.

L'iodhydrate est cristallin et très peu soluble dans l'eau.

Son oxalate acide cristallise en prismes très solubles dans l'eau.

CHAPITRE VII

PAPAVÉRINE

$$C^{20}H^{21}AzO^4$$

La papavérine a été découverte en 1848 dans l'opium par Merck, qui lui attribua la formule $C^{20}H^{21}AzO^4$. Hesse avait d'abord préféré l'expression $C^{21}H^{21}AzO^4$, mais à la suite des travaux de Goldschmiedt, d'Anderson, il s'est rallié à la formule établie par Merck.

Préparation. — 1° Procédé Merck :

Une solution aqueuse d'extrait d'opium est additionnée de soude : il se forme un précipité qui ne contiendra pas de morphine si on a ajouté assez de soude : ce précipité est repris par l'alcool et la solution brune obtenue est évaporée à siccité. Le résidu est traité par un acide étendu, et la solution filtrée traitée par l'ammoniaque en excès donne un précipité contenant de la résine et une assez forte proportion de papavérine. Ce précipité est redissous dans l'acide chlorhydrique étendu, on ajoute de l'acétate de potasse qui précipite une matière résineuse brun foncé, qu'on lave à l'eau et qu'on épuise à l'éther bouillant ; par refroidissement la papavérine cristallise.

On peut aussi reprendre la masse résineuse par son poids d'alcool et laisser digérer ; au bout de quelque temps il se forme un magma cristallin qu'on exprime et qu'on fait recristalliser dans l'alcool bouillant après décoloration au charbon.

La papavérine ainsi obtenue renferme de la narcotine ; on l'en débarrasse en la transformant en chlorhydrate qu'on fait cristalliser ; le chlorhydrate de papavérine, peu soluble, se dépose le premier, on le lave à l'eau froide et on le décompose par l'ammoniaque.

2° Procédé Hesse :

Hesse emploie les eaux mères de la préparation du sel de Grégory, qu'il étend de leur volume d'eau, les précipite par l'ammoniaque et les épuise à l'éther. La solution éthérée décantée est agitée à son tour avec de l'acide acétique. Cette solution aqueuse acide est alors versée lentement dans une lessive alcaline maintenue en excès et agitée pour empêcher la résine qui se précipite de s'agglomérer. On abandonne au repos pendant vingt-quatre heures et on recueille le précipité qui renferme la thébaïne, la narcotine et la papavérine. On dissout ce précipité dans l'acide acétique, on neutralise exactement et on ajoute de l'alcool : il se produit un précipité cristallin renfermant la papavérine et la narcotine.

On sépare la papavérine à l'aide de l'acide oxalique qui donne un oxalate de papavérine insoluble ; on le recueille, on le fait cristalliser dans l'eau bouillante et on finit par le décomposer par l'ammoniaque, après traitement au chlorure de calcium pour éliminer

l'acide oxalique. Si elle renfermait encore des traces
de thébaïne on la transformerait en tartrate : le tartrate de thébaïne peu soluble se séparerait au bout de
peu de temps.

Enfin la papavérine purifiée est recristallisée dans
l'alcool chaud.

PROPRIÉTÉS DE LA PAPAVÉRINE

La papavérine cristallise en prismes incolores fusibles à 147°; sa densité est de 1.308-1.337. Elle est à
peu près insoluble dans l'eau même bouillante, très
soluble dans l'alcool chaud, le chloroforme et l'acétone;
assez soluble dans le benzol bouillant. Elle se dissout
dans 258 parties d'éther à 10°. Elle est sans action sur
la lumière polarisée.

L'acide acétique la dissout, sans se neutraliser; la
potasse et l'ammoniaque la précipitent de cette dissolution sous la forme d'une résine qui devient cristalline, et qui est insoluble dans un excès d'alcali.

L'acide sulfurique concentré et froid dissout la papavérine sans se colorer quand l'alcaloïde est pur; à
chaud la solution se colore en violet foncé. L'eau
précipite la papavérine à l'état résineux de sa solution
dans l'acide sulfurique concentré. (Différence avec la
pseudomorphine.)

L'iodure double de cadmium et de potassium donne
avec la papavérine un précipité blanc composé d'écailles
nacrées, tandis que la morphine donne avec ce réactif
un précipité composé de belles aiguilles reconnais-
sables au microscope.

Chauffée avec de l'iodure d'éthyle et de l'alcool, elle
ne donne que de l'iodhydrate de papavérine; en l'ab-

sence d'alcool on obtient l'éthyliodure de papavérine.

Fondue avec la potasse elle donne de la méthylamine, de l'acide protocatéchique, et l'éther diméthylique de l'homopyrocatéchine, avec un peu d'acide oxalique.

L'anhydride acétique ne donne pas de dérivé acétylé, elle ne renferme donc pas d'oxhydrile alcoolique.

Le permanganate de potasse en solution alcaline lui fait perdre la moitié de son azote à l'état d'ammoniaque.

Par oxydation avec une solution aqueuse de caméléon Goldschmiedt a obtenu de l'acide carbonique, de l'acide oxalique, de la papavéraldine, $C^{20}H^{21}AzO^5$, de l'acide diméthoxylcinchoninique, $C^{12}H^{11}AzO^4$, de l'hémipinisoïmide, $C^{10}H^9AzO^5$, de l'acide papavérique, de l'acide vératrique, $(CH^3O)^2.C^6H^3.CO^2H$, de l'acide métahémipinique, $(CH^3O)^2.C^6H^2.(COOH)^2$, de l'acide α-pyridine tricarbonique $C^5H^2Az(COOH)^3$ et de l'éther diméthylique de l'acide dioxyphtalique $(CH^3O)^2.C^6H^2(COOH)^2$ (1.2.4.5).

L'acide iodhydrique la transforme en papavéroline, $C^{16}H^{13}AzO^4$ avec mise en liberté de $4CH^3I$.

L'étain et l'acide chlorhydrique la transforment en tétrahydropapavérine, $C^{20}H^{25}AzO^4$.

La papavérine est précipitée de ses solutions salines par l'acide phosphomolybdique, l'iodure de bismuth et de potassium, et l'iodure de potassium ioduré (limite 1/10000); le tannin, le chlorure d'or et l'iodure double de mercure et de potassium la précipitent encore dans des solutions à 1/5000.

Au point de vue physiologique, la papavérine agit comme hypnotique.

Elle n'est pas toxique.

Chlorhydrate de papavérine, $C^{20}H^{21}AzO^4.HCl$. — Gros cristaux prismatiques orthorhombiques, hémièdres, obtenus en dissolvant la papavérine dans l'acide chlorhydrique étendu, en excès : il se sépare d'abord un liquide huileux qui cristallise peu à peu. Il se dissout dans 37,3 parties d'eau à 18°. Ce chlorhydrate a une grande tendance à former avec les chlorures et iodures métalliques des sels doubles parfaitement définis et en général fort bien cristallisés.

Ces combinaisons ont été étudiées par MM. Goldschmiedt, Jahoda et Foullon : nous nous bornerons à citer ici les principales d'entre elles :

Chlorozincate, $(C^{20}H^{21}AzO^4.HCl)^2.ZnCl^2$. — Tables tétragonales cristallisées dans l'alcool.

Chlorhydrate de papavérine et iodure de zinc, minces écailles, cristallisées dans l'alcool.

Combinaison avec le chlorure de cadmium, petits cristaux tétragonaux.

Combinaison avec le bromure de cadmium, amorphe.

Chloromercurate. — Prismes tricliniques.

Chloroplatinate. — Précipité jaune foncé. Cristallise dans l'acide chlorhydrique concentré en petits cristaux rhombiques, fusibles à 198°, insolubles dans l'eau, l'alcool et l'éther.

Bromhydrate de papavérine, $C^{20}H^{21}AzO^4HBr$. — Cristaux monocliniques fondant à 213-214° en se décomposant.

Iodhydrate de papavérine. — Ce sel est dimorphe : sa forme cristalline varie avec le dissolvant, eau ou alcool, au sein duquel il s'est formé : fond à 200° en se décomposant.

Bi et tétraiodure d'iodhydrate de papavérine, $C^{20}H^{21}AzO^4.IH.I^2$ et $C^{20}H^{21}AzO^4HI.I^4$.

S'obtiennent par l'action de l'iode sur l'iodhydrate. Cristaux prismatiques rouge pourpre pour le premier, fines aiguilles rougeâtres pour le second.

Azotate de papavérine, $C^{20}H^{21}AzO^4.AzO^3H$. — Ne peut s'obtenir par dissolution de la papavérine dans l'acide azotique, car le moindre excès d'acide la colore en jaune ; on l'obtient par double décomposition à chaud entre le chlorhydrate et l'azotate d'argent : il cristallise par refroidissement en prismes volumineux anhydres.

Le sulfate cristallise en prismes monocliniques.

Bichromate, $C^{20}H^{21}AzO^4.H^2Cr^2O^7$. — Précipité orange. Se dépose de ses solutions aqueuses étendues et bouillantes, en longues aiguilles d'un jaune d'or.

Sulfocyanate. — Prismes incolores, solubles dans l'eau bouillante.

Oxalate acide, $C^{20}H^{21}AzO^4.C^2H^2O^4$. — S'obtient en traitant la papavérine par l'acide oxalique. Prismes anhydres, peu solubles dans l'alcool froid, solubles dans 388 parties d'eau à 10°.

Succinate, $(C^{20}H^{21}AzO^4)^2C^4H^6O^6$, — Grands cristaux tabulaires, solubles dans l'alcool, fondant à 171°.

Picrate, $C^{20}H^{21}AzO^4.C^6H^3Az^3O^7$. — Cristaux tabulaires jaunes, solubles dans l'alcool chaud.

Benzoate, $C^{20}H^{21}AzO^4.C^7H^6O^2$. — Cristaux tricliniques insolubles dans l'eau, très solubles dans l'alcool.

Salicylate, $C^{20}H^{21}AzO^4.C^7H^6O^3$. — Grandes tables monocliniques, fondant à 130°.

Méconate acide, $C^{20}H^{21}AzO^4.C^7H^4O^7+H^2O$. — S'obtient en petits prismes de ses solutions hydro-alcooliques. Peu soluble dans l'alcool et l'eau bouillante,

ACTION DU BROME SUR LA PAPAVÉRINE

Quand on ajoute peu à peu de l'eau bromée à une solution de chlorhydrate de papavérine, on obtient le bromhydrate de bromo-papavérine $C^{20}H^{20}BrAzO^4.HBr$.

La base bromée, précipitée par l'ammoniaque et redissoute dans l'alcool, s'y dépose sous forme de petits cristaux monocliniques fusibles à 144-145°, insolubles dans l'eau, très solubles dans l'alcool et l'éther.

Le bromhydrate de bromopapavérine est une poudre cristalline blanche, anhydre, peu soluble dans l'alcool, insoluble dans l'eau.

L'iode ne donne avec la papavérine que deux produits d'addition, l'un biiodé, l'autre tétraiodé, mais il ne se forme pas de produits de substitution.

Le chlore agissant sur une solution de chlorhydrate de papavérine, en précipite une poudre grise amorphe qui paraît être le chlorhydrate d'une chloro-papavérine. Ce produit n'a pas été étudié.

ACTION DE L'ACIDE AZOTIQUE

Nitropapavérine, $C^{20}H^{20}(AzO^2)AzO^4+H^2O$.

Lorsqu'on fait dissoudre la papavérine dans l'acide azotique dilué, le moindre excès de cet acide réagit sur la base et donne un produit jaune en même temps qu'il se dégage des vapeurs nitreuses.

Ces réactions secondaires accompagnent la formation de la nitropapavérine.

La nitropapavérine se prépare le mieux en chauffant à l'ébullition 1 partie de papavérine et 10 parties d'acide azotique ($d = 1.060$). Par refroidissement, il se dépose des cristaux d'azotate de nitropapavérine.

Ceux-ci sont repris par l'eau et traités par l'ammoniaque ; la base précipitée est redissoute dans l'acide chlorhydrique et la solution, additionnée de sulfate de soude, laisse déposer un précipité cristallin de sulfate de nitropapavérine, d'où on extrait la base par l'ammoniaque, puis on la fait recristalliser dans l'alcool.

La nitropapavérine précipitée est en flocons jaune clair. Cristallisée dans l'alcool aqueux, elle se présente sous forme de prismes jaune pâle, fusibles à 163° et que la lumière colore rapidement en jaune.

Elle est à peu près insoluble dans l'eau, l'alcool et l'éther : 1 partie se dissout à 10° dans 3100 parties d'éther. L'alcool bouillant la dissout assez bien ; elle est très soluble dans le chloroforme. L'acide acétique et le benzol ne la dissolvent que difficilement, même à chaud.

La nitropapavérine a une réaction alcaline bien nette, et donne avec les acides des sels colorés en jaune et généralement peu solubles.

L'acide sulfurique concentré la dissout à chaud en se colorant en brun sale.

Parmi les sels de nitropapavérine étudiés par Hesse, nous citerons le chlorhydrate, le chloroplatinate, l'azotate, l'iodhydrate, le sulfate et l'oxalate. Ces combinaisons n'offrent pas un intérêt suffisant pour mériter une description plus détaillée.

ACTION DES AGENTS RÉDUCTEURS

La papavérine soumise à l'action des agents réducteurs donne naissance à deux dérivés bien différents, suivant la nature du réducteur employé.

Ainsi, en faisant agir l'acide iodhydrique en excès sur la papavérine, on obtient au bout de quelque temps d'ébullition, d'une part, un dégagement d'iodure de méthyle, d'autre part, une base nouvelle, la **papavéroline**, $C^{16}H^{13}AzO^4$.

$$C^{20}H^{21}AzO^4 + 4HI = C^{16}H^{13}AzO^4 + 4CH^3I$$

L'iodhydrate de la papavéroline $C^{16}H^{13}AzO^4 \cdot HI + 2H^2O$ cristallise en fines aiguilles, assez solubles dans l'eau chaude.

Si, au lieu d'acide iodhydrique, on fait agir sur la papavérine l'étain et l'acide chlorhydrique, on obtient la :

Tétrahydropapavérine, $C^{20}H^{25}AzO^4$. — On se débarrasse d'abord de l'étain qui s'y trouve uni à l'état de chlorure double, à l'aide de l'hydrogène sulfuré, puis la solution acide est évaporée jusqu'à cristallisation : le chlorhydrate ainsi obtenu est abandonné à l'air pour s'y effleurir, puis on le passe au tamis fin qui retient les cristaux de chlorhydrate de papavérine non réduit, et qui sont toujours assez volumineux.

La base réduite est recristallisée dans l'alcool, qui l'abandonne sous la forme de petits prismes fusibles à 200-201°, assez solubles dans l'eau chaude, très solubles dans le chloroforme, le sulfure de carbone, l'alcool, le benzol chaud, peu solubles dans l'éther et le pétrole léger.

Son chlorhydrate $C^{20}H^{25}AzO^4 \cdot HCl + 3H^2O$, cristallise en prismes monocliniques, efflorescents, fusibles à 290° en se décomposant, assez solubles dans l'alcool ; leur solution a une saveur très amère.

On connaît de la tétrahydropapavérine, le chloroplatinate, cristallisé en aiguilles microscopiques jaunes, le sulfate, le bichromate, l'oxalate et le picrate, sels ayant tous l'aspect cristallin, assez solubles dans l'eau ou l'alcool chaud.

DÉRIVÉS ALCOOLIQUES DE LA PAPAVÉRINE

La papavérine, comme toutes les bases tertiaires, donne avec les iodures alcooliques des produits d'addition, des iodures d'ammoniums quaternaires.

Méthyliodure de papavérine, $C^{20}H^{21}AzO^4.CH^3I + 4H^2O$. — S'obtient en chauffant la papavérine avec de l'iodure de méthyle en tube scellé à 100°. Cristallise en feuillets déliés, fondant à 55-60° quand ils renferment leur eau de cristallisation, à 195° quand ils sont anhydres.

Ce composé est insoluble dans l'éther, peu soluble dans le benzol, très soluble dans le chloroforme.

Bouilli avec de la potasse, il se transforme en **méthylhydrate de papavérine**, $C^{20}H^{21}AzO^4.CH^3(OH)$, — cristallisable, anhydre à 100°, fusible à 215°, assez soluble dans l'eau chaude.

Le méthylhydrate de papavérine peut fournir diverses combinaisons salines parmi lesquelles nous citerons le chlorure, le chloroplatinate, le chromate et le picrate, tous assez bien cristallisés.

Éthyliodure de papavérine, $C^{20}H^{21}AzO^4.C^2H^5I$. — S'obtient comme le dérivé méthylé, cristallise d'une manière confuse, en croûtes d'un jaune paille, fondant à 216°, solubles dans le chloroforme, peu solubles dans le benzol, insolubles dans l'éther.

Le permanganate de potasse le transforme en éthylméta-hémipinisoïmide, papavéraldine, acide oxalique, acide acétique et acide vératrique.

L'éthylbromure de papavérine bouilli avec de la potasse donne l'oxyde $(C^{20}H^{21}AzO^4.C^2H^5)^2O$, qui cristallise de ses solutions alcooliques en tables prismatiques hydratées, s'effleurissant rapidement à l'air, et qui, séchées à 100°, répondent à la formule ci-dessus: Ce composé est peu soluble dans l'eau froide, assez soluble dans l'eau chaude, l'alcool et l'éther. Les solutions ont une réaction alcaline.

Benzylchlorure de papavérine, $C^{20}H^{21}AzO^4$. $C^7H^7Cl+7H^2O$. — Obtenu en chauffant le chlorure de benzyle avec la papavérine : se dépose en cristaux octaédriques de ses solutions aqueuses.

Par oxydation à l'aide du permanganate il donne de l'acide oxalique, benzoïque, vératrique, de la papavéraldine, de la benzylpapavéraldine et la benzylhémipinisoïmide $C^{17}H^{15}AzO^4$.

Bouilli pendant plusieurs heures avec de la potasse il donne l'oxyde de benzylpapavérine $(C^{20}H^{21}AzO^4C^7H^7)^2O$, qui cristallise de ses solutions dans l'alcool absolu en longues aiguilles fusibles à 165°, peu solubles dans l'eau, solubles dans l'alcool et le chloroforme. Cet oxyde s'unit aux acides pour donner des sels plus ou moins bien cristallisés, tels que le chromate, le picrate, etc.

On connaît une combinaison de la papavérine avec le chlorure d'orthonitro-benzyle $C^{20}H^{21}AzO^4.C^7H^6(AzO^2)$ $Cl+4.6$ et $9H^2O$, cristaux jaune clair peu solubles dans l'eau, solubles dans l'alcool, et ayant d'ailleurs beaucoup d'analogie avec le benzychlorure de papavérine.

PRODUITS D'OXYDATION DE LA PAPAVÉRINE

Nous avons vu plus haut que, sous l'influence du permanganate de potasse, la papavérine donnait un certain nombre de produits d'oxydation parmi lesquels la *papavéraldine*, l'*acide papavérique* et l'*acide hémipinique*. Nous ne nous occuperons ici que des deux premiers qui ont les relations les plus étroites avec la papavérine : nous reviendrons du reste plus loin sur l'acide hémipinique quand nous dirons quelques mots de son aldéhyde, l'*acide opianique*.

Quant aux autres produits d'oxydation de la papavérine, nous renvoyons pour de plus amples détails aux ouvrages spéciaux, le cadre du présent travail ne nous permettant pas d'en entreprendre l'étude,

$$\text{I.} - \textit{Papavéraldine,}\ C^{20}H^{17}AzO^{5} =$$

$$(CH^{3}O)^{2}C^{6}H^{3}.CO.C^{9}H^{14}.Az(OCH^{3})^{2}$$

La papavéraldine a été isolée par Goldschmiedt des produits d'oxydation de la papavérine par le permanganate de potasse.

Pour la préparer on dissout 35 grammes de papavérine pure dans deux litres d'eau avec quantité suffisante d'acide sulfurique, puis on y ajoute 15 grammes de permanganate de potasse dissous dans un litre d'eau et, au bout de quelque temps, 35 grammes de permanganate en solution à 2 p. 100, en évitant toute élévation de température. Après contact suffisant, on filtre ; le précipité recueilli est lavé à l'eau froide, mis en suspension dans l'eau et débarrassé du bioxyde de manganèse à l'aide d'un courant d'acide sulfureux. La papavéraldine reste insoluble, tandis que l'acide diméthoxylcinchoninique se dissout. La liqueur primitive séparée par filtration du dépôt d'oxyde de manganèse renferme de l'acide vératrique, un peu de papavérine, de l'acide oxalique et de l'acide hémipinique.

La papavéraldine déposée de sa solution alcoolique constitue une poudre cristalline jaunâtre, fusible à 210°.

Elle est insoluble dans l'eau et les alcalis, très soluble dans l'acide acétique cristallisable chaud, et dans les acides minéraux modérément étendus; elle est peu soluble dans l'alcool, l'éther et le pétrole léger, très soluble dans le chloroforme.

L'acide sulfurique concentré la colore en rouge feu intense et la dissout en se colorant en rouge jaunâtre, passant au violet foncé quand on chauffe.

Chauffée avec de la potasse solide et très peu d'eau elle se dédouble en acide vératrique $(CH^3O)^2C^6H^3.COOH$ et en diméthoxylquinoline $C^9H^5Az\,(OCH^3)^2$.

Elle donne avec les acides chlorhydrique, nitrique, sulfurique, picrique, des combinaisons salines bien cristallisées, dont la couleur varie du jaune citron au jaune orange.

La papavéraldine s'unit directement à l'iodure de méthyle, et au bromure d'éthyle, pour donner des combinaisons cristallisées répondant aux formules :

$$C^{20}H^{10}AzO^5.CH^3I + 3H^2O$$
$$C^{20}H^{10}AzO^5.C^2H^5Br + 3H^2O$$

Le chlorhydrate de papavérine, traité par le permanganate de potasse en solution étendue donne la *benzylpapavéraldine* $C^{27}H^{27}AzO^6$ ou $C^{54}H^{52}Az^2O^{11}$ cristallisée en fines aiguilles fusibles à 153°-154° et que l'acide chlorhydrique concentré et bouillant scinde en régénérant la papavéraldine

La papavéraldine s'unit à l'hydroxylamine pour

donner la *papavéraldoxime* $C^{20}H^{20}Az^2O^5$ et avec la phénylhydrazine pour donner l'hydrazone $C^{26}H^{27}Az^3O^4$; elle a donc une fonction aldéhydique.

II. — *Acide papavérique*, $C^{16}H^{13}AzO^7 =$

$(CH^3O)^2.C^6H^3.CO.C^6H^2Az(COOH)^2$

[3. 4]   [1]   [2]' [5. 6]'

L'acide papavérique est un produit d'oxydation plus avancé de la papavérine.

On l'obtient en faisant bouillir 30 grammes de papavérine finement pulvérisée dans un litre d'eau à laquelle on ajoute 200 grammes de permanganate de potasse dissous dans 3 à 4 litres d'eau chaude. On fait passer un courant d'acide carbonique dans la liqueur et on fait bouillir jusqu'à décoloration.

Le liquide refroidi est filtré, le résidu insoluble est épuisé d'abord à l'eau chaude, puis après dessiccation, à l'alcool bouillant pour en retirer la papavérine non oxydée.

Les solutions aqueuses sont concentrées et par refroidissement laissent déposer une nouvelle quantité de papavérine. On filtre et on évapore à sec : le résidu est repris par l'alcool bouillant ; les liquides alcooliques distillés laissent un résidu qu'on reprend par un peu d'eau, on fait bouillir pour chasser les dernières traces d'alcool et on précipite après refroidissement par l'acide chlorhydrique. On obtient ainsi un mélange d'acides papavérique et vératrique qu'on sépare par cristallisation dans l'alcool très dilué qui dissout plus facilement l'acide papavérique.

Cet acide cristallise en tables microscopiques fondant à 233° en se décomposant en acide carbonique et acide pyropapavérique. Il est très peu soluble dans l'eau, l'alcool absolu, l'éther et en général dans tous les véhicules neutres. L'alcool aqueux, l'alcool amylique et l'acide chlorhydrique dilué le dissolvent assez facilement. C'est un acide bibasique.

L'acide sulfurique concentré le dissout sans l'altérer; l'acide nitrique le transforme en dérivé nitré. L'acide iodhydrique lui enlève 2 CH^3. La potasse en fusion donne avec lui de l'acide protocatéchique. Il s'unit à la phénylhydrazine, et fournit des sels bien définis dont plusieurs ont été étudiés par Goldschmiedt.

Goldschmiedt et Schranzhofer ont de plus préparé l'anhydride papavérique $C^{16}H^{11}AzO^6$, les éthers méthylique et éthylique, les sels d'argent et d'ammoniaque de l'acide amidé et l'anilpapavérate d'aniline $C^{28}H^{26}Az^3O^6$ (*Monatsh. f. chem.*, *13*, p. 697).

CONSTITUTION DE LA PAPAVÉRINE ET DE SES DÉRIVÉS

L'étude des produits d'oxydation fournis par la papavérine sous l'influence du permanganate de potasse, ont permis à Goldschmiedt d'établir pour cet alcaloïde une formule de constitution qui, si elle n'est pas rigoureusement exacte, si elle ne rend pas compte de tous les produits de transformation de la papavérine, a une grande vraisemblance et paraît logiquement déduite des résultats obtenus par Goldschmiedt. En effet, nous avons vu que la papavérine, soumise à l'action de divers agents, et en se plaçant dans certaines conditions, donnait naissance aux produits suivants :

CH³ — [cycle] — OH / — OH
Homopyrocatéchine

CH³ — [cycle] — OCH³ / — OCH³
Diméthyle
Homopyrocatéchine

COOH — [cycle] — OH / — OH
Acide protocatéchique

COOH — [cycle] — OCH³ / — OCH³
Acide vératrique

CH² — [cycle] — OCH³ / — OCH³ / O — CO
Méconine

COOH — [cycle] — OCH³ / — OCH³ / COOH
Acide hémipinique

COOH / COOH — [cycle] — COOH / Az
Acide
carbocinchoméronique
ou pyridinetricarbonique

(CH³O)² = [cycle] — COOH / Az
Acide
diméthoxylcinchoninique

Si l'on examine la structure moléculaire de ces corps, on constate qu'ils dérivent tous des deux groupes d'atomes suivants :

CH³ — [cycle] — OCH³ / — OCH³ / C

(CH³O)² = [cycle] — C / Az

En combinant ces deux groupes, Goldschmiedt arrive pour la constitution de la papavérine à une des deux expressions suivantes :

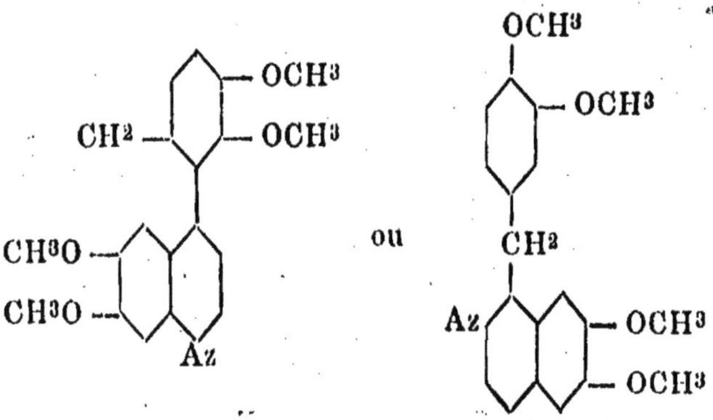

OCH³
CH² — OCH³
CH³O —
CH³O —
Az
ou
OCH³
OCH³
CH²
Az — OCH³
OCH³

C'est-à-dire une tolylquinoline tétraméthoxylée, ainsi que l'exprime la série de formules suivante :

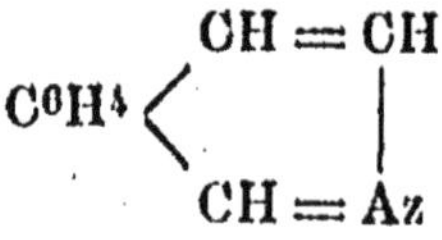

CH = CH
C⁶H⁴
CH = Az
Isoquinoline

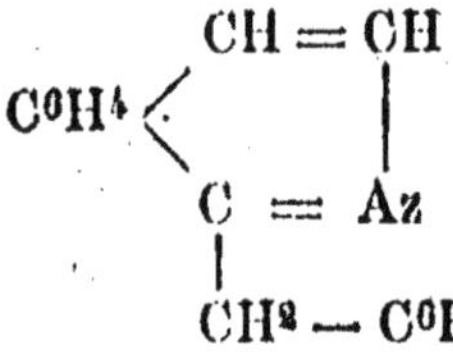

CH = CH
C⁶H⁴
C = Az
CH² — C⁶H⁵
Benzyl-isoquinoline

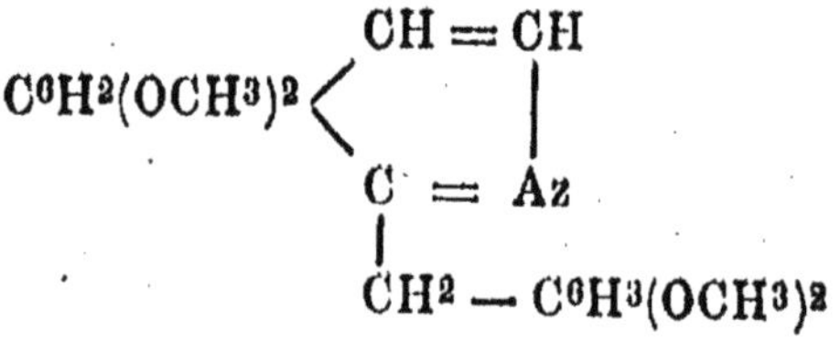

CH = CH
C⁶H²(OCH³)²
C = Az
CH² — C⁶H³(OCH³)²
Papavérine

Quant à la papavéraldine et à l'acide papavérique, Goldschmiedt, se basant sur l'action de l'acide iodhy-

drique, de la phénylhydrazine, et de la potasse, leur
assigne la constitution suivante :

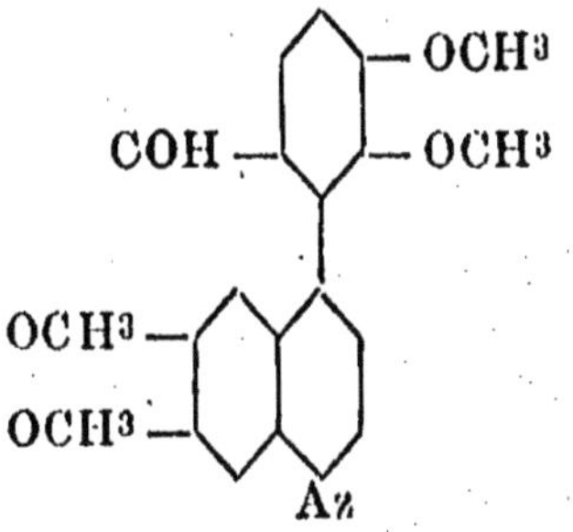

$$COH \!-\!\!\Big\langle\Big\rangle\!\!\begin{array}{l} -OCH^3 \\ -OCH^3 \end{array}$$
$$\begin{array}{l} OCH^3- \\ OCH^3- \end{array}\!\!\Big\langle\Big\rangle\!- Az$$

Papavéraldine

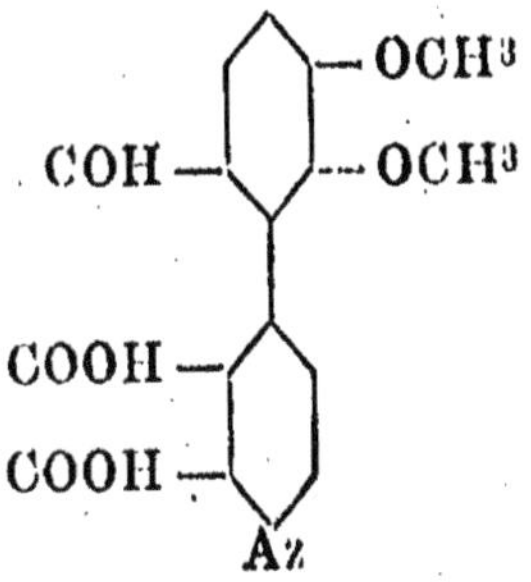

$$COH \!-\!\!\Big\langle\Big\rangle\!\!\begin{array}{l} -OCH^3 \\ -OCH^3 \end{array}$$
$$\begin{array}{l} COOH- \\ COOH- \end{array}\!\!\Big\langle\Big\rangle\!- Az$$

Acide papavérique

$$COH \!-\!\!\Big\langle\Big\rangle\!\!\begin{array}{l} -OCH^3 \\ -OCH^3 \end{array}$$
$$COOH-\!\!\Big\langle\Big\rangle\!- Az$$

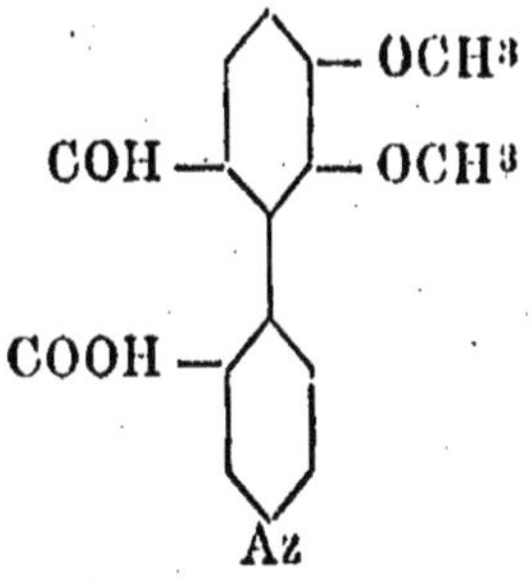

Acide pyropapavérique

Enfin la papavéroline aurait d'après Goldschmiedt
la constitution représentée par la formule :

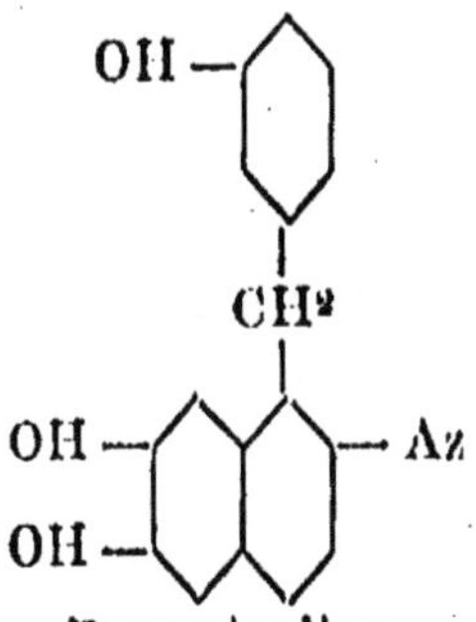

$$OH-\!\!\Big\langle\Big\rangle$$
$$CH^2$$
$$\begin{array}{l} OH- \\ OH- \end{array}\!\!\Big\langle\Big\rangle\!- Az$$

Papavéroline

8

CHAPITRE VIII

MÉCONIDINE, LANTHOPINE, CRYPTOPINE, PROTOPINE, PAPAVÉRAMINE, RHŒADINE

I. — *Méconidine*, $C^{21}H^{23}AzO^4$.

La méconidine a été découverte dans l'opium par Hesse, en 1870. Elle y existe d'ailleurs en faible quantité. Nous avons déjà vu plus haut (v. page 6) à quel moment de l'opération si complexe qui consiste à séparer les alcaloïdes de l'opium en suivant les indications de Hesse, la méconidine était précipitée avec la lanthopine, etc., et dissoute dans le chloroforme.

La solution chloroformique est agitée avec de l'acide acétique dilué, et cette solution acide, décantée, est neutralisée par l'ammoniaque qui précipite la lanthopine. Le liquide filtré sursaturé par la potasse est épuisé à l'éther qui enlève tout d'abord un peu de codéine; les portions suivantes d'éther ayant servi à l'épuisement abandonnent par évaporation lente de la laudanine. Après séparation de cette dernière, on agite les eaux mères éthérées avec une solution de bicarbonate de soude, et par une nouvelle évaporation le liquide éthéré abandonne encore de la codéine, Enfin les dernières portions de la solution éthérée sont agitées avec de l'acide acétique, la solution acide est saturée par du sel marin ; le précipité de chlorhydrate de méconidine ainsi obtenu est purifié par plusieurs dissolutions dans l'acide acétique, suivies de précipitation par le chlorure de sodium, et enfin décomposé par le bicarbonate de soude en excès, en présence d'éther.

La méconidine est une masse amorphe, jaunâtre, transparente, fusible à 58°, insoluble dans l'eau, très soluble dans l'alcool, l'éther, le chloroforme.

Elle est peu soluble dans l'ammoniaque et l'eau de chaux, plus soluble dans la potasse ou la soude ; l'éther ne l'enlève pas à ses solutions aqueuses potassique ou sodique, tandis qu'il l'enlève aux solutions ammoniacale et calcique.

Les acides altèrent rapidement la méconidine ; l'acide sulfurique étendu la dissout en se colorant en rose puis en pourpre. L'acide sulfurique concentré la colore en vert olive, l'acide azotique en rouge orangé. Seul, l'acide acétique ne l'altère que difficilement. La méconidine est sans saveur, mais ses sels, tous amorphes d'ailleurs, possèdent une saveur amère.

II. — *Lanthopine*, $C^{23}H^{26}AzO^4$.

La lanthopine a été découverte dans l'opium par Hesse qui l'a isolée en même temps que la méconidine,

Elle se trouve comme cette dernière parmi les alcaloïdes de l'opium, qui, après la séparation de la morphine et de la codéine, sont précipités et redissous par la soude en excès.

Nous avons vu (page 6 et page 134) comment s'obtenait la lanthopine brute. Pour la purifier on la transforme en chlorhydrate, on décolore au charbon, on précipite par le chlorure de sodium, enfin on décompose le chlorhydrate par l'ammoniaque, et on fait cristalliser l'alcaloïde dans le chloroforme.

La lanthopine est une poudre blanche, formée de prismes microscopiques à peine solubles dans l'alcool, la benzine et l'éther, peu solubles dans l'acide acétique, assez solubles dans le chloroforme. Elle fond vers 200°.

L'ammoniaque la précipite de ses solutions salines sans la redissoudre; la potasse et l'eau de chaux la redissolvent au contraire.

L'acide sulfurique concentré la dissout sans coloration. A 150° la solution brunit.

Le perchlorure de fer ne la colore pas (différence avec la morphine).

La lanthopine a une réaction alcaline; elle joue le rôle de base faible; ses sels sont cristallisables mais se présentent fréquemment à l'état gélatineux.

III. — *Cryptopine*, $C^{21}H^{23}AzO^5$.

La cryptopine a été retirée de l'opium, en 1857, par T et H. Smith. On la trouve avec la protopine dans le liquide d'où on a précipité la thébaïne à l'état de bitartrate (V. *Thébaïne*). On précipite par un alcali la cryptopine et la protopine dans ce liquide; le précipité est redissous dans l'acide chlorhydrique dilué, et les chlorhydrates reprécipités par l'acide chlorhydrique concentré. On décompose les chlorhydrates par l'ammoniaque, et les bases libres sont traitées par l'acide oxalique en excès ; l'oxalate de cryptopine se précipite ; on le sépare, on le décompose par l'ammoniaque et la base libre est purifiée par cristallisation dans l'alcool (HESSE).

La cryptopine est une base forte, qui cristallise dans l'alcool en prismes hexagonaux raccourcis, fusibles à 217° en se colorant en brun.

Récemment précipitée, la cryptopine se dissout dans l'éther, mais ne tarde pas à se déposer de cette solution en petits rhomboèdres. Une fois séchée elle est insoluble dans l'éther ; elle est très peu soluble dans l'alcool, le benzol même bouillant, l'éther de pétrole, assez soluble dans le chloroforme.

Elle est sans action sur la lumière polarisée,

L'acide sulfurique contenant de l'oxyde de fer la dissout en se colorant en violet foncé, teinte qui passe au vert sale à 150°.

La cryptopine, chauffée avec un excès d'acide azotique ($d = 1.060$) se transforme en *nitrocryptopine* $C^{21}H^{22}(AzO^2)AzO^5$, poudre jaune foncé, fusible à 185° et que l'acide sulfurique concentré colore en rouge sang.

La cryptopine et son dérivé nitré donnent avec les acides des combinaisons salines, dont un certain nombre ont été étudiées et qui, comme celles de la lanthopine, se séparent fréquemment à l'état gélatineux, pour cristalliser peu à peu.

IV. — *Protopine*, $C^{20}H^{19}AzO^5$.

Cette base accompagne fréquemment la cryptopine brute et a beaucoup d'analogie avec cet alcaloïde.

On la retire des eaux mères d'où s'est déposé le bioxalate de cryptopine; ce liquide est traité par l'ammoniaque et l'éther, l'éther est agité avec de l'acide chlorhydrique étendu, et dans cette dissolution on précipite l'alcaloïde à l'état de chlorhydrate par l'acide chlorhydrique concentré.

Dans le cas où on aurait à séparer la protopine de la cryptopine brute du commerce il suffirait de transformer les deux bases en bioxalate et de terminer la séparation comme il vient d'être dit.

La protopine est une poudre cristalline blanche, fusible à 202°. Elle est insoluble dans l'eau, très peu soluble dans l'alcool, le benzol, l'éther, assez soluble dans le chloroforme.

Sa solution alcoolique possède une réaction fortement alcaline. Elle se dissout quelque peu dans l'ammoniaque, mais est insoluble dans la potasse.

Le perchlorure de fer ne la colore pas; l'acide sulfurique la colore d'abord en jaune puis en rouge; en présence d'un peu d'oxyde de fer, il la colore en violet foncé.

Les sels de protopine sont cristallisés, mais sont insolubles dans les acides concentrés.

V. — *Papavéramine*, $C^{21}H^{21}AzO^6$.

Cette base a été obtenue récemment par Hesse sous la forme de prismes rhombiques, incolores, fusibles à 142°, à peu près insolubles dans l'eau et les alcalis, peu solubles dans l'éther, très solubles dans l'alcool fort.

L'acide sulfurique concentré la colore à froid en violet bleu, et c'est à la présence de cet alcaloïde que

Hesse attribue la coloration violette que l'acide sulfurique communique à la papavérine brute, alors que ce dernier alcaloïde ne se colore pas par l'acide sulfurique à froid, quand il est parfaitement pur.

VI. — *Rhœadine*, $C^{21}H^{21}AzO^6$.

La rhœadine est un alcaloïde qui se trouve dans l'opium en très petites quantités; Hesse y a démontré sa présence, mais ce n'est pas de l'opium, suc du *Papaver somniferum* qu'on l'extrait, c'est d'un genre voisin, le *Papaver rhœas* ou coquelicot.

Toutes les parties de la plante en renferment, mais c'est principalement dans les capsules, au moment de la maturité, que s'en trouve la plus forte proportion.

L'extraction en est simple : toutes les parties de la plante, finement incisées, sont épuisées à l'eau chaude; les solutions concentrées sont précipitées par le carbonate de soude et épuisées à l'éther. Le liquide éthéré est agité avec une solution de bitartrate de soude qui s'empare de la rhœadine en se colorant en jaune. On sépare l'éther et la solution aqueuse est précipitée par l'ammoniaque. Le précipité obtenu devient bientôt cristallin; on le lave à l'eau puis à l'alcool chaud qui lui enlève des matières colorantes et un peu de thébaïne, puis on le redissout dans l'acide acétique et on précipite par l'ammoniaque après décoloration au noir.

La rhœadine est en petits prismes blancs, fondant à 232° en se colorant, et sublimables sans décomposition dans un courant d'acide carbonique; elle se condense en longs prismes incolores. Elle est soluble dans 1280 parties d'éther à 18°, dans 1100 parties d'alcool à 80° froid. Elle est à peu près insoluble dans tous les véhicules neutres. Elle possède une faible réaction alcaline, est insipide et inoffensive.

Les acides minéraux étendus, surtout l'acide sulfurique, la transforment d'abord en une masse résineuse incolore, qui se dissout bientôt avec une coloration pourpre (réaction sensible encore dans des solutions à 1/800 000). A l'ébullition la nuance s'accentue encore plus et par refroidissement il se dépose des petits prismes à reflets verts, mais en petite quantité; la plus grande partie de la rhœadine s'est transformée en un isomère, la *rhœagénine*, qui reste en dissolution à l'état de sulfate.

La rhœadine donne avec l'acide sulfurique concentré une solution vert olive; avec l'acide azotique une solution jaune.

Les acides très étendus la dissolvent, mais par concentration, ou simplement au bout de quelque temps de contact, la coloration rouge se produit et la transformation en rhœagénine a lieu.

On n'a pu préparer que l'iodhydrate par addition d'une solution d'iodure de potassium à la solution acétique de l'alcaloïde. Ce sel est peu soluble dans l'eau froide et cristallise de ses solutions dans l'eau chaude en prismes minces groupés en étoiles.

Rhœagénine, $C^{21}H^{21}AzO^6$. — Cette nouvelle base, isomère avec la rhœadine, constitue à peu près les 99 centièmes du produit de transformation de cette dernière sous l'influence de l'acide sulfurique moyennement étendu. Quand la coloration semble avoir atteint le maximum d'intensité, on chauffe doucement, on décolore au charbon et on précipite par l'ammoniaque.

La base est purifiée par redissolution dans l'alcool.

Elle cristallise en petits prismes incolores, fusibles à 223°, non sublimables, peu solubles dans l'alcool et l'éther froids, l'eau et l'ammoniaque.

C'est une base forte, que les acides étendus dissolvent sans se colorer.

Ses sels sont en général peu solubles à froid, cristallisent assez facilement et possèdent une saveur amère.

CHAPITRE IX

NARCOTINE (OPIANINE)

$$C^{22}H^{23}AzO^7$$

La narcotine a été découverte dans l'opium en 1802 par Derosne et, jusqu'à l'époque des recherches de Robiquet, qui en 1817 établit son individualité chimique, elle fut désignée sous le nom de *sel de Derosne*. Sertürner, qui l'avait entrevue, l'avait prise pour du méconate basique de morphine.

Ce sont les travaux de Robiquet et Pelletier qui la firent connaître tout d'abord; puis elle a été étudiée par MM. Woehler, Blyth, Anderson, Wright et Beckett, plus récemment par MM. Matthiessen et Foster, et enfin par M. Roser.

Ces recherches laborieuses ont permis d'établir, d'une façon incontestable, la constitution de la narcotine, grâce au grand nombre de ses produits de transformation qui ont été obtenus et étudiés. A ce point de vue elle est certainement l'alcaloïde de l'opium le plus important et le mieux connu.

Préparation. — A l'inverse des autres alcaloïdes de

l'opium, la narcotine ne se trouve qu'en petite quantité dans le liquide aqueux qui a servi à épuiser l'opium ; la majeure partie de cette base reste dans les marcs d'opium, dans les résidus insolubles épuisés par l'eau. Il y a donc lieu de considérer sa préparation à un double point de vue, alors qu'on emploie les marcs ou l'extrait d'opium.

1° Le procédé le plus simple et le plus avantageux consiste à traiter à chaud les marcs d'opium par l'acide acétique très dilué (2 à 3°Baumé). Les solutions acides réunies sont sursaturées par l'ammoniaque qui précipite de la narcotine impure. Il suffira pour la purifier de la redissoudre dans l'alcool fort, de la décolorer au charbon, puis de faire cristalliser.

On peut employer l'acide chlorhydrique dilué, au lieu d'acide acétique, et précipiter par la soude ; mais, dans ces conditions, le précipité renferme, outre la narcotine, une petite quantité de papavérine. On séparera celle-ci en transformant les bases en oxalates acides ; le bioxalate de papavérine se déposera rapidement et dans le liquide filtré on précipitera la narcotine par l'ammoniaque.

On peut encore obtenir de la narcotine pure, du premier jet, en épuisant l'opium sec et pulvérisé par l'éther : celui-ci, en s'évaporant, abandonnera la narcotine cristallisée.

2° La narcotine se retire encore des eaux mères de la préparation du sel de Grégory.

Ces eaux mères sont étendues d'eau, filtrées, puis additionnées d'un excès d'ammoniaque : le précipité formé se compose surtout de résine, de narcotine et de thébaïne, le liquide filtré renferme surtout de la narcéine. On essore le précipité ou on l'exprime rapi-

dement, on le délaye de nouveau dans l'eau, on l'exprime encore et ainsi de suite jusqu'à ce que le
lavage soit à peu près complet. On prélève alors une
partie du précipité et on le traite par l'alcool bouillant;
par le refroidissement la narcotine impure se dépose.
Le liquide alcoolique décanté sert alors à épuiser une
nouvelle portion du précipité et ainsi de suite. A mesure que cette opération se répète, la narcotine se dépose et les eaux mères alcooliques s'enrichissent de
thébaïne.

La narcotine ainsi obtenue est ensuite traitée par
une petite quantité de lessive concentrée de potasse,
lavée à l'eau et enfin recristallisée dans l'alcool.

PROPRIÉTÉS DE LA NARCOTINE

La narcotine cristallise en longues aiguilles ou en
prismes orthorhombiques incolores, fondant à 176°,
et se solidifiant à 130°.

Elle est insoluble dans l'eau froide et peu soluble
dans l'eau bouillante (1/7000).

100 parties d'alcool à 85 0/0 en dissolvent 5 parties
à l'ébullition et 1 partie à froid.

100 parties d'éther (d = 0.735) en dissolvent 2.1 parties à l'ébullition et 0.77 parties à froid.

166 parties d'éther en dissolvent 1 partie à 16°.

100 parties d'alcool amylique en dissolvent 0.325 à
froid.

100 parties de benzol froid en dissolvent 4.614 parties (le benzol peut servir à séparer la narcotine de la
morphine insoluble dans ce dissolvant).

Elle est très soluble dans le chloroforme qui l'enlève
même à ses solutions acides.

Les solutions neutres de narcotine dévient à gauche
la lumière polarisée, ses solutions acides sont au
contraire dextrogyres.

La narcotine est insoluble dans la soude et dans un
lait de chaux à froid, insoluble dans l'ammoniaque.

La potasse aqueuse concentrée la dissout à l'ébullition en donnant une combinaison potassique assez
instable. La potasse alcoolique la dissout en si grande
quantité que la liqueur devient sirupeuse : un courant
d'acide carbonique transforme cette liqueur en une
gelée transparente.

Elle se dissout sans décomposition à l'ébullition
dans l'eau de chaux ou mieux encore dans de l'eau de
baryte, et ne se reprécipite pas par refroidissement.
L'éther n'enlève pas l'alcaloïde à ses solutions alcalines, mais si on y ajoute du chlorure ammonique, il
se produit aussitôt un précipité de narcotine.

L'acide sulfurique concentré la dissout en se colorant en jaune légèrement verdâtre ; la solution chauffée passe au jaune orange, puis au cramoisi et, à la température d'ébullition de l'acide sulfurique, devient
rouge violacé sale.

L'acide sulfurique renfermant une trace d'acide nitrique la colore en rouge foncé.

En présence de l'acide nitrique fumant, elle se colore d'abord en rouge sang, puis se boursoufle et
finit par s'enflammer. L'acide nitrique étendu ne l'at-
taque qu'à chaud ; il se produit de la cotarnine, de
l'acide opianique, etc. (V. plus loin).

Le réactif de Froehde la colore en vert.

Le perchlorure de fer ne la colore pas.

Elle est sans action sur le tournesol ; sa saveur est
amère.

La narcotine renferme trois méthoxyles qu'elle perd successivement lorsqu'on la chauffe avec de l'acide chlorhydrique concentré, en donnant trois nouveaux corps, amorphes, facilement oxydables et solubles à froid dans les alcalis, ce qui démontre chez eux l'existence d'hydroxyles.

Ce sont :

1° la *diméthylnornarcotine* $C^{21}H^{21}AzO^7 = C^{19}H^{14}AzO^4(OCH^3)^2(OH)$
2° la *méthylnornarcotine* $C^{20}H^{19}AzO^7 = C^{19}H^{14}AzO^4(OCH^3)(OH)^2$
3° la *nornarcotine* $C^{19}H^{17}AzO^7 = C^{19}H^{14}AzO^4(OH)^3$

Il en résulte que la narcotine elle-même peut être considérée comme de la *triméthylnornarcotine* $C^{19}H^{14}(OCH^3)^3$.

On obtient les mêmes résultats en remplaçant l'acide chlorhydrique par l'acide iodhydrique, mais dans ce cas les trois méthoxyles sont éliminés à la fois et on n'obtient pas les produits intermédiaires.

La potasse agissant à 220° sur la narcotine fournit de la méthylamine, de la diméthylamine et de la triméthylamine. Ce fait semble indiquer la présence d'un groupe méthyle lié à l'azote.

Chauffée avec de l'eau à 140° la narcotine se dédouble en *acide opianique* et *hydrocotarnine* :

$$C^{22}H^{23}AzO^7 + H^2O = C^{10}H^{10}O^5 + C^{12}H^{15}AzO^3$$

Acide

Narcotine   opianique   Hydrocotarnine

Les agents réducteurs (zinc et acide chlorhydrique, amalgame de sodium) opèrent un dédoublement analogue, seulement, au lieu d'acide opianique, il se forme alors son produit de réduction, la *méconine*.

$$C^{22}H^{23}AzO^7 + 2H = C^{10}H^{10}O^4 + C^{12}H^{15}AzO^3$$

Narcotine   Méconine   Hydrocotarnine

Sous l'influence de la chaleur seule à 200°, la narcotine se dédouble en *méconine* et *cotarnine*.

$$C^{22}H^{23}AzO^7 = C^{10}H^{10}O^4 + C^{12}H^{13}AzO^3$$
Narcotine   Méconine   Cotarnine

Sous l'influence des agents oxydants, tels que l'acide azotique, le chlorure de platine, le perchlorure de fer, les peroxydes de plomb et de manganèse, la narcotine fournit de l'*acide opianique* et de la *cotarnine*.

$$C^{22}H^{23}AzO^7 + O = C^{10}H^{10}O^5 + C^{12}H^{13}AzO^3$$
Acide
Narcotine   opianique   Cotarnine

C'est là un premier degré d'oxydation ; une oxydation plus énergique donne de l'*acide hémipinique* $C^{10}H^{10}O^6$ qu'on obtient d'ailleurs plus facilement en partant de l'acide opianique.

Les produits de cette oxydation sont cependant toujours accompagnés d'un peu d'hydrocotarnine.

Wright et Beckett admettent que, dans ces conditions, la narcotine se dédoublerait par hydratation d'abord

$$C^{22}H^{23}AzO^7 + H^2O = C^{10}H^{10}O^5 + C^{12}H^{15}AzO^3$$
Acide
Narcotine   opianique   Hydrocotarnine

puis l'hydrocotarnine subissant l'influence de l'agent oxydant se transformerait, en majeure partie, en cotarnine

$$C^{12}H^{15}AzO^3 + O = C^{12}H^{13}AzO^3 + H^2O$$
Hydrocotarnine   Cotarnine

Sous l'influence du permanganate de potasse en solution alcaline, l'oxydation de la narcotine est plus complète et elle perd tout son azote à l'état d'ammoniaque.

La narcotine ne donne pas de dérivé acétylé avec l'anhydride acétique.

Elle est bien moins toxique que la morphine.

SELS DE NARCOTINE

Les acides dissolvent la narcotine, mais les sels formés cristallisent mal ou pas du tout; ils sont, de plus, peu stables et l'eau en excès les décompose.

Par évaporation de leurs dissolutions, la majeure partie de la narcotine se dépose.

Ils sont, en général, solubles dans l'alcool; leur saveur est amère et leur réaction acide. Le sulfocyanate de potasse précipite en rouge très foncé leurs solutions même très étendues, mais un léger excès de sulfocyanate redissout le précipité.

Chlorhydrate de narcotine $C^{22}H^{23}AzO^7HCl+H^2O$. — Une solution sirupeuse de narcotine dans l'acide chlorhydrique concentré est abandonnée à l'air pendant quelque temps et se prend en une masse cristalline qu'on essore et qu'on fait recristalliser dans l'alcool. Par recristallisation dans l'eau bouillante, on obtient deux sels basiques, l'un à cinq, l'autre à sept molécules de narcotine pour une d'acide.

Chloromercurate de narcotine $(C^{22}H^{33}AzO^7HCl)^2$. $HgCl^2$. — S'obtient en ajoutant à une solution alcoolique, acidulée par HCl, de narcotine une solution aqueuse de chlorure mercurique. Le précipité recueilli est recristallisé dans un mélange d'alcool et d'acide chlorhydrique. Petits cristaux insolubles dans l'eau.

Chloroplatinate de narcotine, $(C^{22}H^{23}Az^7O.HCl)^2$.

$PtCl^4 + 2H^2O$. — Obtenu par simple mélange du chlorhydrate avec le chlorure de platine. Il faut éviter un excès de ce dernier qui pourrait agir sur la narcotine comme oxydant.

Précipité jaune pâle, amorphe, que des lavages prolongés décomposent.

Biiodure d'iodhydrate de narcotine. $C^{22}H^{23}AzO^7$. $HI.I^2$. — Ce composé, appelé aussi quelquefois triiodure de narcotine s'obtient en ajoutant une quantité calculée d'iodure de potassium ioduré à une solution alcoolique de narcotine acidulée par HCl. Il se forme un précipité constitué par des lamelles jaune foncé brillantes. L'addition d'eau aux eaux mères en fournit une nouvelle quantité.

Ce sel se dissout dans l'alcool, mais à l'ébullition, il subit une transformation singulière, et par refroidissement, il se précipite un nouveau sel que M. Jörgenssen appelle *triiodure de tarconium*. Le dédoublement de la narcotine dans cette réaction peut s'exprimer par l'équation :

$$3(C^{22}H^{23}AzO^7.IH.I^2) + H^2O = C^{12}H^{12}AzO^3I^3$$

Triiodure de narcotine   Triiodure
de tarconicum

$$+ C^{10}H^{10}O^5 + 4IH + 2C^{22}H^{23}AzO^7.III$$

Acide   Iodhydrate
opianique   de narcotine

Ce triiodure de tarconium n'est autre que le biiodure de l'*iodométhylate de tarconium* soit $C^{12}H^{12}AzO^3I^3$ $= C^{11}H^9AzO^3.CH^3I.I^2$. (Voir plus loin.)

En effet, on peut lui enlever I^2 par l'hydrogène sulfuré ou l'acide sulfureux, et l'iodure restant n'est pas attaqué par les alcalis, tandis que l'oxyde d'argent en sépare une base possédant des propriétés alcalines énergiques (V. plus loin *Méthyllarconine*).

Sulfate de narcotine $(C^{22}H^{23}AzO^7)^2 . H^2SO^4 + 4H^2O$. — Obtenu par évaporation d'une solution sulfurique de narcotine. Incristallisable. Soluble dans l'eau, sans se décomposer.

Bichromate de narcotine $(C^{22}H^{23}AzO^7)^2 . H^2Cr^2O^7$. — Précipité jaune amorphe, insoluble.

Acétate de narcotine $(C^{22}H^{23}AzO^7)^3 . C^2H^4O^2 + H^2O$. — Sel basique très instable : ses solutions évaporées laissent dégager tout l'acide acétique et déposer la narcotine. Cette propriété pourait être mise à profit pour séparer la narcotine et la morphine.

Le bioxalate et le bitartrate de narcotine sont facilement solubles dans l'eau.

DÉRIVÉS ALCOOLIQUES DE LA NARCOTINE

Quoique la narcotine jouisse de propriétés basiques peu accentuées, elle n'en possède pas moins les propriétés générales des bases tertiaires et, comme telle, est susceptible de se combiner aux iodures alcooliques pour donner naissance à des iodures quaternaires.

Dans le cas particulier de la narcotine, ces iodures quaternaires sont peu intéressants par eux-mêmes, mais leurs produits de transformation méritent quelque attention. Nous allons en dire quelques mots ici, nous réservant d'y revenir à propos de la narcéine.

Iodométhylate de narcotine, $C^{22}H^{23}AzO^7 . CH^3I$. — Cette combinaison s'obtient en chauffant de la narcotine avec de l'iodure de méthyle en excès, en présence d'alcool méthylique. Il constitue un liquide sirupeux qui, en présence de chlorure d'argent, se transforme en chlorométhylate $C^{22}H^{23}AzO^7.CH^3Cl$. Ce dernier, traité par la soude, précipite l'*hydrate de méthylnarcotine*[1] $C^{22}H^{23}AzO^7.CH^3.OH$ qui, par contact prolongé avec l'eau se transforme, d'après Roser, en :

Pseudonarcéine, $C^{23}H^{27}AzO^8 + 3H^2O$. — Celle-ci s'obtient plus rapidement encore en faisant passer un courant de vapeur d'eau dans un mélange de chlorométhylate de narcotine et de solution de soude, à molécules égales.

La pseudonarcéine cristallise en fines aiguilles soyeuses fusibles à 195° peu solubles dans l'eau froide, solubles dans l'eau bouillante et l'alcool, insolubles dans l'éther.

L'iode la colore en bleu; les alcalis la dissolvent et cette dissolution est précipitée par l'acide carbonique.

Elle est sans action sur la lumière polarisée.

Ses sels cristallisent, en général, assez bien.

Hydrate d'ethylnarcotine, $C^{22}H^{23}AzO^7.C^2H^5OH$.— Quand on chauffe la narcotine en solution alcoolique avec un excès d'iodure d'éthyle, à 100°, il se forme de l'*iodéthylate de narcotine* $C^{22}H^{23}AzO^7.C^2H^5I$, liquide huileux, épais, qui, traité par l'oxyde d'argent, se transforme en hydrate d'éthylnarcotine. Celui-ci ne tarde pas, même à froid, à subir une transposition moléculaire qui donne naissance à la

Pseudohomonarcéine, $C^{24}H^{29}AzO^8 + 3H^2O$. — Cette transformation s'effectue plus rapidement quand on dirige un courant de vapeur dans un mélange à molécules égales d'iodéthylate de narcotine et de soude caustique.

---

1. Ou *méthylhydrate de narcotine* : ces deux dénominations seront employées indistinctement dans la suite.

Elle cristallise en fines aiguilles qui perdent leur eau à 100° et fondent en se décomposant à 173°. Insoluble dans l'éther, soluble dans l'eau et l'alcool, dans les lessives alcalines d'où l'acide carbonique la reprécipite.

Elle se colore en bleu par l'iode comme son homologue inférieur.

Son chlorhydrate cristallise de ses solutions acides en fines aiguilles jaunes, insolubles dans l'eau.

Nous verrons, à propos de la narcéine, que ces pseudonarcéine et pseudohomonarcéine ne sont autres que la *narcéine* et l'*homonarcéine*.

PRODUITS DE DÉMÉTHYLATION
DE LA NARCOTINE

Nous avons déjà vu que, sous l'influence des acides chlorhydrique et iodhydrique, la narcotine perd successivement ou simultanément ses trois groupes CH^3.

La *diméthylnornarcotine* $C^{21}H^{21}AzO^7 = C^{19}H^{14}O^4(OCH^3)^2(OH)$, premier terme de cette déméthylation, s'obtient en chauffant à 100° pendant deux heures, la narcotine avec un excès d'acide chlorhydrique fumant (Matthiessen et Wright) ou en chauffant à 100° de la narcotine avec de l'acide sulfurique étendu de son volume d'eau (Armstrong, Gerhardt et Laurent). Elle est amorphe, à peu près insoluble dans l'eau, peu soluble dans l'éther, soluble dans l'alcool; l'ammoniaque la dissout peu, le carbonate de soude pas du tout, mais la potasse le dissout facilement.

Le chlorhydrate est soluble dans l'acide chlorhydrique, et l'eau le précipite de cette dissolution à l'état résineux.

La *méthylnornarcotine*, $C^{20}H^{19}AzO^7 = C^{19}H^{14}O^4(OCH^3)$ $(OH)^2$ s'obtient en chauffant pendant plusieurs jours la narcotine avec de l'acide chlorhydrique concentré.

Elle est amorphe, insoluble dans l'eau, l'alcool et l'éther, soluble dans les alcalis et les carbonates alcalins.

L'eau précipite son chlorhydrate de ses solutions acides sous forme d'un corps granuleux.

La *nornarcotine* $C^{19}H^{17}AzO^7 = C^{19}H^{14}AzO^4(OH)^3$ s'obtient en chauffant la narcotine avec de l'acide iodhydrique fumant (Matthiessen et Wright). Elle est amorphe, incolore, et brunit rapidement à l'air. Elle est à peu près insoluble dans l'alcool et l'éther; les alcalis et les carbonates alcalins la dissolvent facilement.

PRODUITS D'OXYDATION DE LA NARCOTINE

I. Cotarnine. $C^{12}H^{13}AzO^3 + H^2O = C^{12}H^{15}AzO^4$

(d'après Roser).

La cotarnine est un des produits de dédoublement de la narcotine et de l'oxynarcotine sous l'influence des agents oxydants. Elle se forme aussi par oxydation de l'hydrocotarnine. L'acide opianique prend naissance en même temps que la cotarnine dans l'oxydation de la narcotine.

Formation. — Nous avons déjà vu qu'il se formait de la cotarnine :

1° En oxydant la narcotine par le bioxyde de manganèse et l'acide sulfurique étendu (Woëhler);

2° En oxydant la narcotine par l'acide azotique (Anderson);

3° Par l'oxydation de la narcotine à l'aide du chlorure de platine ou du perchlorure de fer (Blyth);

$$C^{22}H^{23}AzO^7 + O = C^{12}H^{13}AzO^3 + C^{10}H^{10}O^5$$
Narcotine   Cotarnine Acide opianique

4° Par l'oxydation de l'hydrocotarnine (Beckett et Wright).

$$C^{12}H^{15}AzO^3 + O = H^2O + C^{12}H^{13}AzO^3$$

Préparation. — On traite la narcotine (1 partie) par 2,8 parties d'acide azotique, de densité 1.40 et 8 parties d'eau, et on chauffe à 49°-50° jusqu'à ce qu'il ne se produise plus de précipité. On filtre et on précipite le liquide filtré par la potasse (Anderson).

D'après Woëhler on fait bouillir 2 parties de narcotine avec 30 parties d'eau, 3 parties d'acide sulfurique et 3 parties de bioxyde de manganèse. Après refroidissement on filtre pour séparer l'acide opianique, on neutralise presque complètement par la chaux, puis on ajoute du carbonate de soude jusqu'à réaction alcaline, et on précipite la cotarnine par la lessive de soude.

La cotarnine précipitée est recristallisée dans le benzol.

Propriétés. — La cotarnine cristallise en aiguilles incolores, retenant, d'après les anciens auteurs, une molécule d'eau qu'elle ne perd qu'en se décomposant [1]. Elle fond à 132-133°.

Elle est à peine soluble dans l'eau, très soluble dans l'alcool et l'éther. Elle n'est pas toxique.

---

1. Nous verrons plus loin que d'après les recherche récentes de Roser, cette molécule d'eau ne doit pas être considérée comme eau de cristallisation, mais bien comme eau de constitution, et que la cotarnine répond par conséquent à la formule $C^{12}H^{15}AzO^4$.

Récemment précipitée elle se dissout dans l'ammoniaque et le carbonate de soude, mais est à peu près insoluble dans les alcalis caustiques.

L'acide azotique étendu la transforme en *acide apophyllique* $C^8H^7AzO^4$.

Le zinc et l'acide chlorhydrique la réduisent en *hydrocotarnine*.

Traitée par l'hydroxylamine, la cotarnine donne une *oxime* $C^{12}H^{15}AzO^3(AzOH)$, cristallisée en minces feuilles fusibles à 165-168° en se décomposant.

Chauffée à 140° avec de l'acide chlorhydrique, la cotarnine se transforme en *acide cotarnamique* avec dégagement de chlorure de méthyle (Matthiessen et Foster.)

$$C^{12}H^{13}AzO^3 + HCl = CH^3Cl + C^{11}H^{11}AzO^3$$
$$\text{Cotarnine} \qquad\qquad\qquad \text{Acide}$$
$$\text{cotarnamique}$$

Cet acide, à l'état libre, s'altère rapidement au contact de l'air. Il donne avec l'acide chlorhydrique un chlorhydrate $C^{11}H^{11}AzO^3.HCl + H^2O$, cristallisé en petites aiguilles soyeuses, dont la solution aqueuse verdit à l'air; cette solution verte possède une fluorescence rouge et offre le spectre de la chlorophylle (Gerichten). Oxydé à l'aide de l'acide azotique, l'acide cotarnamique se transforme en acide apophyllique.

Chauffée avec un excès d'anhydride acétique, puis bouillie avec de l'eau, la cotarnine se transforme en acide *acétylhydrocotarnineacétique*

$$C^8H^6O^3 \begin{cases} CH = CH - COOH \\ CH^2 - CH^2 - Az \begin{cases} CH^3 \\ C^2H^3O \end{cases} \end{cases}$$

petits cristaux fusibles à 201°, insolubles dans l'eau froide et l'éther, solubles dans l'alcool.

La cotarnine s'unit aux acides pour donner des sels en général bien cristallisés : ces combinaisons prennent naissance avec élimination d'une molécule d'eau, ce qui avait fait croire à la présence d'eau de cristallisation dans la cotarnine. Nous verrons que cette déshydratation s'opère dans des conditions telles que la chaîne se ferme pour donner naissance à un noyau pyridique quand la base est salifiée.

La cotarnine s'unit aux iodures alcooliques : l'iodéthylate se prépare comme d'ordinaire par action de l'iodure d'éthyle sur la cotarnine dissoute dans l'alcool; c'est un liquide sirupeux incristallisable.

L'action de l'iodure de méthyle sur la cotarnine donne lieu à une réaction assez singulière : au lieu de donner purement et simplement un produit d'addition, il se forme en même temps de l'*iodhydrate de cotarnine* et de l'*iodométhylate de cotarnométhine (méthylcotarnine)* :

$$2C^{12}H^{16}AzO^4 + 2CH^3I = C^{12}H^{13}AzO^3.HI$$

Cotarnine   Iodhydrate
de cotarnine

$$+ C^{12}H^{14}(CH^3)AzO^4.CH^3I \quad (1)$$

Iodométhylate de cotarnométhine

Ce dernier, peu soluble dans l'eau, se sépare facilement de l'iodhydrate par cristallisation dans l'eau bouillante d'où il se dépose en longues aiguilles prismatiques jaune soufre.

Le chlorure d'argent le transforme en chlorométhylate $C^{12}H^{14}(CH)^3AzO^4.CH^3Cl + 3H^2O$ qui cristallise en beaux prismes incolores et qui donne avec le chlo-

1. En adoptant pour la cotarnine la nouvelle formule $C^{12}H^{16}AzO^4$ de Roser.

rure de platine un sel double bien cristallisé, de couleur jaune orange.

L'iodométhylate bouilli avec de la potasse dégage de la triméthylamine et se transforme en :

Cotarnone $C^{11}H^{10}O^4 = (CHO.CH^3O.C^7H^9O^2.CH = CH^2)$ ainsi que le représente la formule :

$$C^{14}H^{20}AzO^4I + KOH = KI + H^2O + Az(CH^3)^3 + C^{11}H^{10}O^4$$

La cotarnone cristallise en minces tables rhomboïdales fusibles à 78°, insolubles dans l'eau froide, solubles dans l'alcool et l'éther. Les alcalis sont sans action sur elle, les acides la décomposent avec formation de produits résineux colorés. En solution chloroformique elle fixe du brome sans dégagement d'acide bromhydrique, mais le dérivé bromé n'a pu être purifié ; il se résinifie. La cotarnone renferme un groupe méthoxyle ; de plus elle renferme un groupe carbonyle car elle s'unit à l'hydroxylamine pour donner la *cotarnoneoxime* $C^{11}H^{11}AzO^4 = (AzOH) = CH — C^8H^6O^3 —$ $CH = CH^2$, insoluble dans l'eau, soluble dans l'alcool, fondant à 130-132° en se décomposant.

La cotarnone oxydée à froid par le permanganate de potasse, se transforme d'abord en *cotarnolactone*

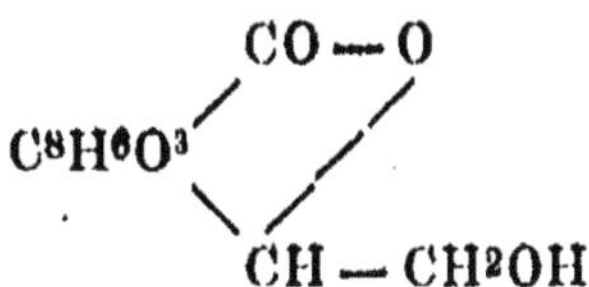

puis en *acide cotarnique*

$$C^8H^6O^3\begin{cases} COOH \\ COOH \end{cases}$$

La cotarnolactone cristallise en prismes obliques

fusibles à 154°. Les acides la transforment en *acide cotarnolactonique* :

$$C^8H^6O^3 \Big\langle {{COOH} \atop {CHOH - CH^2OH}}$$

qui sous l'influence de la chaleur régénère la cotarno-lactone.

La cotarnone donne un dérivé acétylé fusible à 174° et un dérivé benzoylé, fusible à 184°.

L'acide cotarnique $C^{10}H^8O^7 = C^8H^6O^3 (COOH)^2$ obtenu par l'action du permanganate de potasse en solution neutre sur la cotarnone, s'isole en neutralisant le liquide par HCl, et précipitant par le chlorure de baryum. Le cotarnate de baryum obtenu, décomposé par l'acide sulfurique, fournit l'acide cotarnique cristallisé en tables clinorrhombiques peu solubles dans l'eau, fondant à 178° en se transformant par la chaleur en *anhydride cotarnique*

$$C^{10}H^6O^6 = C^8H^6O^3 \Big\langle {{CO} \atop {CO}} \Big\rangle O$$

fusible à 161-162°. La facilité avec laquelle cet anhydride se produit permet de supposer que les deux groupes (COOH) sont en position ortho.

L'acide cotarnique renferme un groupe méthoxyle, mais sa présence ne peut être mise en évidence par l'action de l'acide chlorhydrique : il faut employer la méthode de Zeisel et chauffer l'acide cotarnique avec de l'acide iodhydrique et du phosphore à 150-160°. Dans ces conditions il se forme de l'iodure de méthyle et de l'*acide gallique*, ce qui met en évidence la présence d'un noyau benzinique dans la cotarnine. L'acide cotarnique peut donc être considéré comme un acide *méthyle-méthylène-gallocarbonique.*

$$CH^2 \langle {}^O_O \rangle C^6H \langle {}^{(COOH)^2}_{OCH^3} =$$

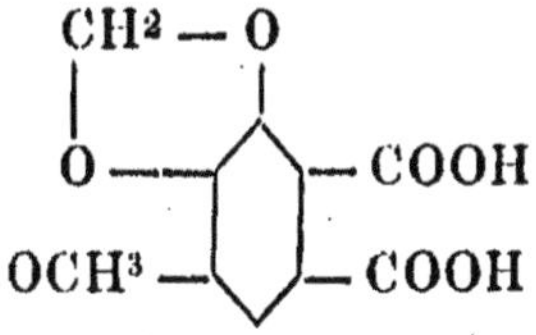

Chauffé en tube scellé au bain-marie avec de l'acide chlorhydrique, l'acide cotarnique se dédouble en acide carbonique et acide *méthyl-méthylène-gallique*, $C^{10}H^8O^7$ $= CO^2 + C^9H^8O^5$ ce dernier ayant la constitution représentée par la formule

$$CH^2 \langle {}^O_O \rangle C^6H^2 \langle {}^{OCH^3}_{COOH}$$

et fondant à 210°.

Enfin l'acide cotarnique traité par le brome en solution acétique, perd de l'acide carbonique et donne le *méthyl-méthylène-tribromopyrogallol*

$$CH^2 \langle {}^O_O \rangle C^6Br^3 . OCH^3$$

fusible à 160°.

De l'ensemble de ces réactions et d'un certain nombre d'autres résultats obtenus par Roser et que nous ne pouvons citer ici faute de place, il résulte :

1° Que la cotarnine répond à la formule $C^{12}H^{15}AzO^4$ et non à celle généralement admise $C^{12}H^{13}AzO^3$;

2° Que la cotarnine renferme un groupement CHO aldéhydique ;

3° Que la cotarnine est une base secondaire et non une base tertiaire ;

4° Que dans la cotarnine à l'état libre, il n'existe pas de noyau pyridique ; celui-ci ne prend naissance que quand la cotarnine s'unit aux acides ; il y a alors élimination d'eau au détriment de l'oxygène du groupe aldéhydique, de l'hydrogène du groupe AzH et de celui fourni par l'acide, et par suite fermeture de la chaîne.

Ce fait peut se représenter facilement par les formules suivantes :

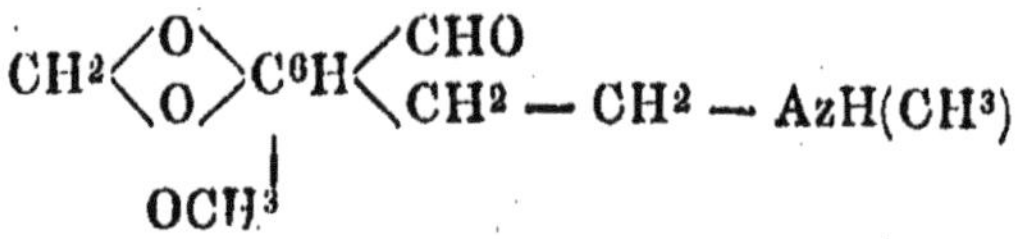

$$CH^2\genfrac{}{}{0pt}{}{O}{O}C^6H\genfrac{}{}{0pt}{}{CHO}{CH^2 - CH^2 - AzH(CH^3)}$$
$$OCH^3$$

Cotarnine

$$et \quad \genfrac{}{}{0pt}{}{CH^2O^2}{OCH^3}C^6H \quad \genfrac{}{}{0pt}{}{CH}{CH^2}Az\genfrac{}{}{0pt}{}{CH^3}{Cl} \quad CH^2$$

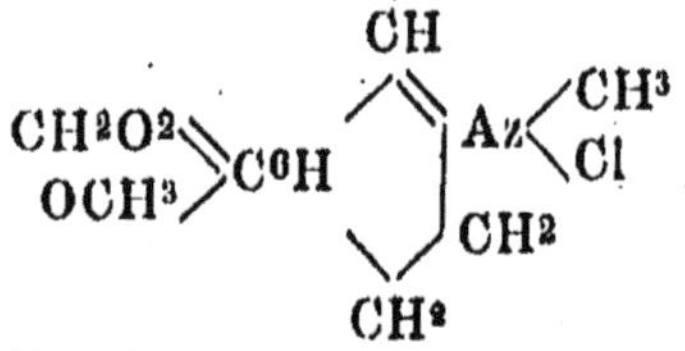

Chlorhydrate de cotarnine

Dans l'impossibilité où nous nous trouvons d'analyser, dans un cadre aussi restreint que celui de cet ouvrage, les résultats d'un travail aussi considérable que celui de Roser sur la narcotine et ses dérivés, nous nous bornerons à indiquer ici ses conclusions sur la constitution de la cotarnine, conclusions basées sur les produits de transformation obtenus et cités plus haut, en renvoyant le lecteur pour plus de détails aux mémoires originaux [1].

D'après Roser, il faudrait adopter pour la cotarnine

1. W. Roser, *Ann. der Chemie*, 245, 311 ; 247, 167 ; 249, 156 et 168 ; 254, 334 et 359.

et ses dérivés les formules de constitution suivantes :

Cotarnine $\qquad$ $C^8H^6O^3\Big\langle\begin{array}{l}CHO\\CH^2—CH^2—AzH(CH^3)\end{array}$

Iodométhylate de cotarnométhine $C^8H^6O^3\Big\langle\begin{array}{l}CHO\\CH^2 — CH^2Az(CH^3)^3I\end{array}$

Cotarnone $\qquad$ $C^8H^6O^3\Big\langle\begin{array}{l}CHO\\CH = CH^2\end{array}$

Cotarnolactone $\qquad$ $C^8H^6O^3\Big\langle\begin{array}{l}CO—O\\CH—CH^2OH\end{array}$

Acide cotarnolactonique $\qquad$ $C^8H^6O^3\Big\langle\begin{array}{l}COOH\\CHOH — CH^2OH\end{array}$

Acide cotarnique $\qquad$ $C^8H^6O^3\Big\langle\begin{array}{l}COOH\\COOH\end{array}$

Hydrocotarnine $\qquad$ $C^8H^6O^3\Big\langle\begin{array}{l}CH^2 — Az(CH^3)\\CH^2 — CH^2\end{array}$

Dans tous ces composés le groupe $C^8H^6O^3$ peut être considéré comme formé par le groupement :

$$CH^2O^2{\Big\rangle} {}^{CH^2—O}\quad C^6H{=}\quad \cdots$$

par analogie avec l'hydrastinine qui a avec la cotarnine de nombreux points de ressemblance.

L'acide méthyl-méthylène gallique sera représenté, comme nous l'avons vu, par la formule :

$$C^6H^7O^3 — COOH = CH^2\Big\langle{}^{O}_{O}\Big\rangle C^6H^2\Big\langle\begin{array}{l}OCH^3\\COOH\end{array}$$

et l'acide gallique, déjà connu, par $C^6H^2\,(OH)^3 — COOH$.

Retenons seulement, en vue de la constitution de la narcotine, la formule de constitution de la cotarnine établie d'après ce qui précède :

$$CH_2 - O \mid O - \mid OCH_3 - \mid H \quad CH_2 \quad CH_2 \quad CHO \quad AzH(CH_3)$$

en nous rappelant que, en se salifiant, la cotarnine subit une déshydratation et que la chaîne latérale en se fermant donne naissance à un noyau pyridique.

$$CH_2 - O \mid O - \mid OCH_3 - \mid H \quad CH_2 \quad CH_2 \quad CH \quad Az(CH_3)Cl$$

ACTION DU BROME SUR LA COTARNINE ET L'HYDROCOTARNINE

Le brome en agissant sur la cotarnine et l'hydrocotarnine donne naissance à une série de dérivés bromés de substitution et d'addition, dont l'étude commencée par Wright, lui avait déjà permis d'émettre une hypothèse sur la constitution de la cotarnine. Plus récemment Roser a repris cette étude et est arrivé à confirmer les prévisions relatives à la constitution de cette base et qui découlaient de ses recherches antérieures.

Bromocotarnine, $C_{12}H_{12}BrAzO_3 + H_2O$. — Elle s'obtient en traitant l'*hydrocotarnine* par l'eau bromée.

$$C_{12}H_{15}AzO_4 + 4Br = C_{12}H_{13}BrAzO_3.HBr + 2HBr.$$

La base libre cristallise de ses solutions éthérées sous le même aspect que la cotarnine. Elle est très soluble dans l'alcool chaud, mais une ébullition prolongée au sein de ce liquide la décompose.

Ses sels cristallisent et sont en général solubles dans l'eau.

Traitée par le zinc et l'acide chlorhydrique, elle donne de la bromhydrocotarnine $C^{12}H^{14}BrAzO^3$.

Elle s'unit directement au brome avec formation de *bromocotarnine bibromée* ou :

Tribromhydrocotarnine, $C^{12}H^{12}Br^3AzO^3$, qu'on obtient encore en faisant agir sur la cotarnine ou l'hydrocotarnine un excès d'eau bromée :

$$C^{12}H^{15}AzO^4 + 4Br = C^{12}H^{12}Br^3AzO^3.HBr + H^2O.$$
Cotarnine

$$C^{12}H^{15}AzO^3 + 7Br = C^{12}H^{12}Br^3AzO^3.HBr + 3HBr.$$
Hydrocotarnine

C'est une poudre cristalline blanche, fondant à 190-200°, en se décomposant avec dégagement de bromure de méthyle et d'acide bromhydrique, et formation de *bromotarconine*.

L'hydrogène sulfuré lui enlève facilement deux atomes de brome, et donne le bromhydrate de bromocotarnine.

Roser lui attribue la formule de constitution ci-dessous, en regard de laquelle nous avons placé celle qui représente la bromotarconine qui en dérive par perte de CH^3 et de 2 Br :

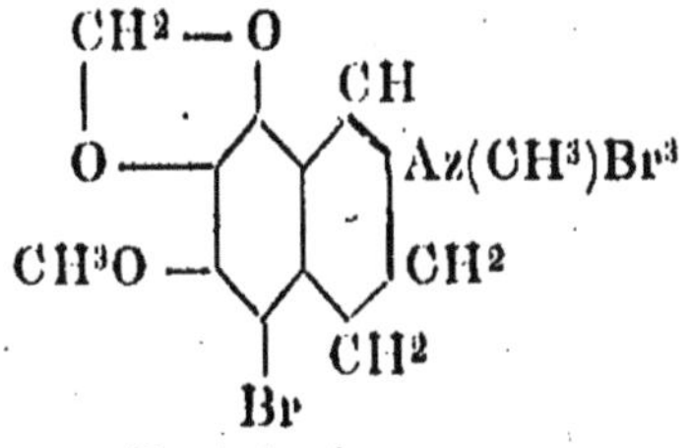

CH²—O   CH   CH²—O   CH
O   Az(CH³)Br³   O   Az(CH³)
CH³O CH²   O   CH
CH²   Br CH
Br

Bromhydrate
de tribromhydrocotarnine

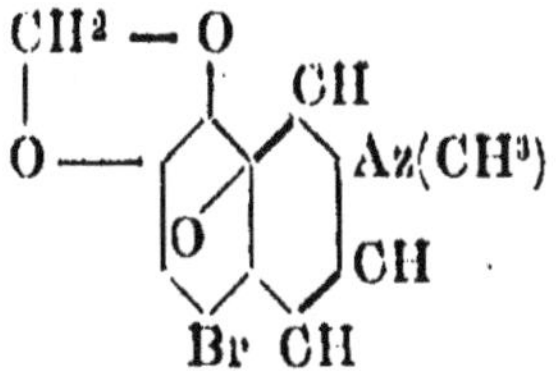

Bromotarconine

La tribromhydrocotarnine chauffée pendant quelque temps à 100° se scinde en acide bromhydrique et *bromhydrate de cotarnine* $C^{12}H^{12}BrAzO^3.HBr$.

Tarconine, $C^{11}H^9AzO^3$. — Le bromhydrate de tarconine s'obtient en chauffant à 200° le bromhydrate de bromocotarnine.

$$C^{12}H^{12}BrAzO^3,HBr = C^{11}H^9AzO^3.HBr + CH^3Br$$
Bromhydrate de tarconine

La solution de ce sel précipite par la potasse mais pas par le carbonate de soude.

La tarconine donne un *iodométhylate de tarconine*, mais ce composé s'obtient indirectement en même temps que l'*iodométhylate d'iodotarconine*, en traitant la *narcotine* en solution alcoolique par un grand excès d'iode à l'ébullition.

Le biiodure d'iodhydrate de narcotine qui se forme en même temps que de l'iodométhylate d'iodotarconine est décomposé par ébullition avec de l'alcool étendu.

$$3C^{22}H^{23}AzO^7.HI.I^2 + H^2O = C^{11}H^9AzO^3.CH^3I.I^2 + C^{10}H^{10}O^6$$
Biiodure d'iodométhylate
de tarconine

$$+ 4HI + 2C^{22}H^{23}AzO^7.HI.$$
Iodhydrate de narcotine

Ce biiodure (encore appelé triiodure de méthyltarconine) est réduit en présence de l'eau par H^4S ou SO^2 : l'iodométhylate ainsi obtenu cristallise en fines aiguilles; les alcalis ne le décomposent pas, mais l'oxyde d'argent met en liberté l'hydrate de méthyltarconine $C^{11}H^9AzO^3.CH^3.OH$, base forte, amorphe, et dont les solutions sont fluorescentes : bouillie avec la baryte elle se dédouble en *acide méthyltarconique* $C^{11}H^{11}AzO^3$ et aldéhyde formique.

Bromotarconine, $C^{11}H^8BrAzO^3 + 2H^2O$. — Ce composé a été le point de départ des recherches de Gerichten qui est arrivé à conclure que la cotarnine est un dérivé pyridique.

La bromotarconine s'obtient en chauffant à 200° le bromhydrate de tribromhydrocotarnine obtenu par l'action du brome en excès sur la cotarnine ou l'hydrocotarnine.

$$C^{12}H^{12}Br^3AzO^3,HBr = CH^3Br + 2HBr + C^{11}H^8BrAzO^3,HBr.$$

Bromhydrate
de bromotarconine

On épuise à l'eau chaude; les cristaux obtenus par refroidissement sont décolorés au noir, et la base mise en liberté par le carbonate de soude.

La bromotarconine cristallise en longues aiguilles brillantes rouge orangé. Elle perd à 100° son eau de cristillation et devient rouge cramoisi. Elle fond en se décomposant à 235° :

Peu soluble dans l'eau froide, elle se dissout dans l'eau chaude; elle est insoluble dans l'éther. L'eau de baryte, même à chaud, ne la décompose pas.

Elle s'unit comme toutes les bases tertiaires aux iodures alcooliques.

Chauffée avec de l'eau à 150-160° elle se dédouble en *cupronine* $C^{20}H^{18}Az^2O^6$ et *tarnine* $C^{11}H^9AzO^4$.

Chauffée avec de l'acide chlorhydrique concentré à 120°, elle donne de l'acide *nartique* $C^{20}H^{10}Az^2O^6$, de l'oxyde de carbone, de l'acide carbonique et de la tarnine.

Bouillie avec de l'acide chromique et de l'acide sulfurique étendu, elle se transforme en acide apophyllique et bromoforme.

Chauffée avec de la chaux sodée, elle fournit de la pyridine.

La bromotarconine traitée par l'eau bromée à chaud donne naissance à trois nouveaux dérivés :

1° La *cuprine* $C^{14}H^7AzO^3$.

2° L'*acide bromapophyllique* $C^8H^6BrAzO^4$, et enfin

3° La *dibromapophylline* $(C^7H^5Br^2AzO^2 + 2H^2O)^2$.

D'après Gerichten, l'oxydation de la bromotarconine par l'acide chromique ou nitrique, qui la transforme en acide apophyllique, prouverait que la transformation de la cotarnine et de l'hydrocotarnine en bromotarconine avait laissé intact le noyau pyridique qu'il croyait préexister dans la narcotine, et que par conséquent le brome se trouvait dans la chaîne latérale. Or cette chaîne latérale n'est autre que le noyau benzinique soudé au noyau pyridique, ou qui en renferme les éléments, et c'est bien sur ce noyau benzinique, sur cette chaîne latérale de Gerichten, que le brome est venu se fixer ainsi que l'a démontré Roser. Gerichten avait attribué à la bromotarconine la formule de constitution :

$$C^4H^2BrO - C^6H^3 \equiv Az - CH^3$$
$$CO \underline{\quad\quad} O$$

formule qui ne diffère de celle de Roser, que nous avons signalée plus haut, que par le fait que l'atome d'oxygène, au lieu d'être fixé sur l'azote du noyau pyridique, est lié à deux atomes de carbone, l'un du noyau benzinique, l'autre faisant partie des deux noyaux.

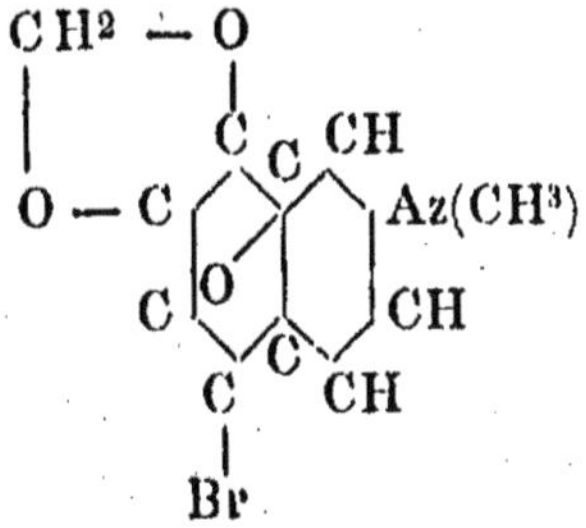

DÉRIVÉS ALCOOLIQUES DE LA BROMOTARCONINE ET LEURS PRODUITS DE DÉDOUBLEMENT

1° **Iodométhylate de bromotarconine**, $C^{11}H^8Br AzO^3.CH^3I$. — On peut le préparer directement en chauffant la bromotarconine anhydre avec de l'iodure de méthyle. Il cristallise en longues aiguilles jaunes, insolubles dans l'éther, solubles dans l'eau et l'alcool.

Il fond à 203-204° en se décomposant en iodure de méthyle, aldéhyde formique, trioxyméthylène et en régénérant la bromotarconine.

Chauffé avec de la baryte, il donne de l'aldéhyde formique et de l'*acide méthylbromotarconique* $C^{11}H^{10}Br AzO^3$.

Traité par l'oxyde d'argent, cet iodure donne le méthylhydrate de bromotarconine $C^{11}H^8BrAzO^3.CH^3.OH$, qui cristallise en petites aiguilles rouge orangé. Cette base bouillie avec l'eau ou les alcalis se dédouble comme l'iodure correspondant en acide méthylbromotarconique et aldéhyde formique :

$$C^{11}H^8BrAzO^3.CH^3.OH = C^{11}H^{10}BrAzO^3 + CH^2O.$$

2° **Iodéthylate de bromotarconine**, $C^{11}H^8BrAzO^3$.

C^2H^5I. — S'obtient comme le dérivé méthylé; il cristallise en longues aiguilles jaunes, brillantes.

L'ébullition avec la baryte le transforme en aldéhyde formique et *acide éthylbromotarconique* $C^{12}H^{12}BrAzO^3$.

3° **Acide méthylbromotarconique**, $C^{11}H^{10}BrAzO^3 + 2H^2O$.

L'iodométhylate de bromotarconine $C^{11}H^8BrAzO^3$.CH^3I, ou mieux encore la base libre $C^{11}H^8BrAzO^3$ $CH^3(OH)$, bouillie avec de l'eau de baryte se scinde en aldéhyde formique et acide méthylbromotarconique :

$$C^{11}H^8BrAzO^3.CH^3(OH) = C^{11}H^{10}BrAzO^3 + CH^2O$$

On sépare l'acide à l'état de sel de baryte qu'on décompose ensuite par l'acide sulfurique.

Cristallisé dans l'eau, cet acide se présente en prismes courts, jaunes et brillants qui perdent leur eau de cristallisation à 100° et se décomposent déjà à 215° avant de fondre.

Chauffé avec les alcalis il donne de la pyridine.

Il est neutre aux réactifs, et se combine avec les acides comme avec les bases.

Le perchlorure de fer produit en solution aqueuse un précipité rouge brun, qu'un excès de perchlorure de fer ou la chaleur font passer au violet.

Chauffé avec les sels d'argent, il les réduit.

L'acide chlorhydrique concentré en tubes scellés le transforme en chlorure de méthyle, acide bromhydrique et acide *tarconique* $C^{10}H^7AzO^3$.

4° **Acide éthylbromotarconique**, $C^{12}H^{12}BrAzO^3 + 2H^2O$. — S'obtient de la même manière que le précédent en faisant bouillir avec de la baryte l'hydrate d'éthylbromotarconine $C^{11}H^8BrAzO^3.C^2H^5(OH)$.

Il cristallise en fines aiguilles, brillantes, jaunes, fondant à 223° en se décomposant.

Ses propriétés générales sont les mêmes que celles de son homologue inférieur.

Chauffé avec de l'acide chlorhydrique, il donne du chlorure d'éthyle, de l'acide bromhydrique et de l'acide tarconique.

5° **Acide tarconique**, $C^{10}H^7AzO^3$. — Cet acide résulte, comme il vient d'être dit, de l'action de l'acide chlorhydrique concentré à 150°, en vase clos, sur les acides éthyl et méthylbromotarconiques :

$$C^{11}H^{10}BrAzO^3 + 2HCl = C^{10}H^7AzO^3.HCl + HBr + CH^3Cl$$

Acide	Chlorhydrate
méthylbromotarconique	d'acide tarconique

Il se sépare sous formé de chlorhydrate en longues aiguilles brillantes, peu solubles dans l'eau et l'alcool, solubles dans les alcalis et les carbonates alcalins.

L'acide tarconique, récemment précipité par le bicarbonate de soude, additionné de quelques gouttes d'une solution de soude, se dissout en donnant une liqueur brune, qui, à l'air, prend une teinte vert bleu vif, puis précipite en flocons vert bleu (Réaction caractéristique).

L'acide tarconique réduit les sels d'argent, même à froid.

ACTION DE L'ACIDE CHLORHYDRIQUE
SUR LA BROMOTARCONINE

Quand on chauffe à 120-130°, pendant trois heures, de la bromotarconine avec un peu d'acide chlorhydrique, on obtient, outre de la formaldéhyde, de l'oxyde de carbone et de l'acide bromhydrique, un composé nouveau, *l'acide nartique*, quelquefois aussi appelé *nartine*.

$$2C^{11}H^8BrAzO^3 + 2H^2O = C^{20}H^{10}Az^2O^6 + 2HBr + CO + CH^2O$$
Acide nartique

L'acide nartique, précipité de sa combinaison chlorhydrique par le bicarbonate de soude, est coloré en rouge orangé et brunit rapidement au contact de l'air, en s'oxydant.

Ses solutions alcalines, colorées en brun rouge, deviennent bleu verdâtre au contact de l'air.

Elles réduisent instantanément les sels d'argent; le perchlorure de fer les colore en brun foncé.

Chauffé avec de la chaux sodée, l'acide nartique donne de la pyridine.

Il se combine avec les acides et avec les bases : on connaît un *chlorhydrate de nartine*, cristallisé en aiguilles jaunes, et un sulfate cristallisable mais peu stable; d'autre part, il se dissout dans les alcalis et donne avec la baryte une combinaison insoluble ayant l'aspect d'un précipité floconneux.

Par oxydation, l'acide nartique se convertit en un acide pyridine-monocarbonique.

ACTION DE LA CHALEUR SUR LA TARCONINE ET LA BROMOTARCONINE

I. Quand on chauffe à 200° le chlorhydrate ou le bromhydrate de tarconine, ou la bromotarconine, ou même le bromhydrate de cotarnine, on obtient, selon Wright, une base répondant à la formule $C^{20}H^{14}Az^2O^6$. C'est une masse bleu indigo présentant des reflets cuivreux.

Son bromhydrate a le même aspect que la base : l'eau le dissout très peu en se colorant en violet.

Son sulfate a un éclat cuivreux bleuâtre ; il se dissout dans l'acide sulfurique avec une coloration rouge vif.

Cette base n'a pas été étudiée ni dénommée.

II. Cupronine, $C^{20}H^{18}Az^2O^6$. — Cette base prend naissance en même temps que la tarnine, quand on chauffe la bromotarconine avec l'eau à 130°. Le produit de la réaction repris par l'eau, cède à celle-ci du bromhydrate de tarnine ; le bromhydrate de cupronine est insoluble.

La cupronine, précipitée de son bromhydrate par le bicarbonate de soude, est une poudre noire, insoluble dans l'eau chaude, l'alcool, l'éther, soluble avec coloration brun foncé dans la soude et le carbonate de soude.

L'acide sulfurique et l'acide chlorhydrique la dissolvent en se colorant en rouge fuchsine, qui passe au violet par addition d'eau. Les acides minéraux étendus la dissolvent avec coloration bleue violette. Son chlorhydrate cristallise en aiguilles à reflets cuivrés.

III. Tarnine, $C^{11}H^9AzO^4 + 1\ 1/2H^2O$. — Elle accompagne la cupronine dans sa production. Elle cristallise en fines aiguilles rouge orangé. Desséchée dans le vide, elle devient écarlate.

Assez soluble dans l'eau chaude et l'alcool, elle est insoluble dans l'éther.

Ses sels cristallisent en beaux cristaux, mais ils sont peu stables : l'eau les décompose déjà en partie.

Chauffée avec HCl à 160°, elle se dédouble en oxyde de carbone et *acide nartique.*

ACTION DU BROME SUR LA BROMOTARCONINE

L'eau bromée, en réagissant sur la bromotarconine, donne naissance à deux nouveaux dérivés, dont l'un ne renferme plus de brome, la *cuprine;* l'autre est la *dibromapophylline.*

Cuprine, $C^{11}H^7AzO^3$ ou $C^{22}H^{14}Az^2O^6$. — On la prépare en traitant une solution saturée de chlorhydrate de bromotarconine (10 gr.), par de l'eau bromée (5 à 6 gr. de Br), à froid. On cesse l'addition d'eau bromée quand le liquide a pris, au bout de quelques instants de repos, une légère coloration brune. On chauffe alors rapidement à l'ébullition et on précipite par le carbonate de soude.

$$C^{11}H^8BrAzO^3 = C^{11}H^7AzO^3 + HBr$$
$$\text{Bromotarconine} \quad \text{Cuprine}$$

Aiguilles microscopiques à reflets cuivrés, solubles en vert dans l'eau et l'alcool, insolubles dans l'éther. Les acides étendus la dissolvent avec coloration bleue intense, les acides concentrés avec coloration brun rouge. Un excès d'eau bromée transforme les colorations bleues de cuprine en une solution jaune : il y a production d'acide bromapophyllique, puis de dibromapophylline.

La cuprine est une base très faible.

Dibromapophylline, $C^{14}H^{10}Br^4Az^2O^4 + 4H^2O$. — C'est le produit ultime de l'action du brome sur la bromotarconine : il résulte de l'action du brome avec le produit intermédiaire entre la cuprine et lui, l'acide bromapophyllique.

$$2C^8H^6BrAzO^4 + 4Br = C^{14}H^{10}Br^4Az^2O^4.2HBr + 2CO^2$$

Pour le préparer, on traite la bromotarconine par de l'eau bromée jusqu'à ce qu'il se forme un précipité brun jaunâtre ou brun verdâtre, qui se redissout à l'ébullition. Le liquide jaune clair est concentré, et additionné de temps en temps d'eau bromée, pour lui conserver sa coloration jaune. Au bout de quelque temps de repos, il se dépose des croûtes cristallines qu'on sépare et qu'on décompose par le carbonate de baryte à l'ébullition.

La dibromapophylline se présente en grands cristaux tabulaires hexagonaux perdant leur eau de cristallisation à 90-100°, se colorant en brun à 215° et fondant à 229°. Elle est assez soluble dans l'eau froide, et peu soluble dans l'éther. Ses solutions alcalines se colorent peu à peu à l'air. Elle réduit à chaud les sels d'argent.

L'acide chlorhydrique est sans action sur elle à 120°, mais à 200° il la dédouble en acide carbonique, chlorure de méthyle et dibromopyridine. La dibromapophylline est une base diacide : par ébullition avec l'eau ses sels neutres se transforment en sels basiques.

Avant de continuer l'étude des produits d'oxydation de la narcotine, et après avoir examiné en détail les nombreux produits de transformation auxquels elle donne naissance, sous l'influence de l'iode, des iodures alcooliques, etc., nous croyons devoir résumer l'ensemble de ces faits, pour permettre au lecteur de se retrouver plus facilement dans ces réactions qui, au premier abord, paraissent très compliquées.

Nous adopterons, pour cela, la forme de tableau, ce qui permettra de se rendre compte rapidement du mode de dérivation de ces divers composés :

10.

donnent :

Trüodure de méthyliodotarconine $C^{11}H^8IAzO^3.CH^3I.I^2$	et	*Trüodure de méthyltarconine* $C^{11}H^9AzO^3.CH^3I.I^2$
celui-ci traité par H^2S donne :		traité par H^2S, il donne :
Iodométhylate d'iodotarconine $C^{11}H^8IAzO^3.CH^3I$		*Iodométhylate de tarconine* $C^{11}H^9AzO^3.CH^3I$
qui traité par l'iode régénère le précédent		qui traité par l'iode régénère le précédent,
et que AgCl transforme en :		et que AgCl transforme en :
Chlorométhylate d'iodotarconine $C^{11}H^8IAzO^3.CH^3Cl$		*Chlorométhylate de tarconine* $C^{11}H^9AzO^3.CH^3Cl$
celui-ci chauffé à 130° donne :		qui donne :
Iodotarconine $C^{11}H^8AzO^3$.		

avec l'oxyde d'argent : / avec HCl à 140° : / avec Br :

avec l'oxyde d'argent :	avec HCl à 140° :	avec Br :
Méthylhydrate de tarconine $C^{11}H^9AzO^3.CH^3.OH$	*Tarconine* $C^{11}H^9AzO^3$	*Tribromure de méthylbromotarconine* $C^{11}H^8BrAzO^3.CH^3BrBr^2$
celui-ci chauffé avec la baryte donne :		qui par H^2S se transforme en *Bromométhylate de bromotarconine* $C^{11}H^8BrAzO^3.CH^3Br$
Acide méthyltarconique $C^{11}H^{11}AzO^3$.		celui-ci avec AgCl donne : *Chlorométhylate de bromotarconine* $C^{11}H^8BrAzO^3.CH^3Cl$
		qui avec l'oxyde d'argent donne : *Méthylhydrate de bromotarconine* $C^{11}H^8BrAzO^3.CH^3.OH$
		que la baryte transforme en *Acide méthylbromotarconique* $C^{11}H^{10}BrAzO^3$.

donnent :

Acide opianique $C^{10}H^{10}O^5$ lequel se transforme	et	*Cotarnine* $C^{12}H^{15}AzO^4$ qui donne

par oxydation en :	par réduction en :	avec l'acide azotique :	avec l'iodure de méthyle :	
Acide hémipinique $C^{10}H^{10}O^6$	*Méconine* $C^{10}H^{10}O^4$	*Acide apophyllique* $C^8H^7AzO^4$	*Iodhydrate de cotarnine* $C^{12}H^{13}AzO^3.HI$	et *Iodométhylate de cotarnométhine* $C^{12}H^{14}(CH^3)AzO^4.CH^3I$

celui-ci donne avec KOH à chaud :
Cotarnone
$C^{11}H^{10}O^4$

qui avec MnO^4K donne d'abord :
Cotarnolactone
$C^{11}H^{10}O^6$

puis :
Acide cotarnique
$C^{10}H^8O^7$

qui à son tour se transforme :

par HCl à 90° en	par $P+HI$ en :	par le brome en :
Acide méthylméthylènegallique $C^9H^8O^5$	*Acide gallique* $C^7H^6O^5$	*Méthylméthylènetribromopyrogallol* $C^8H^5Br^3O^3$

Hydrocotarnine + Eau bromée

donnent :

Bromocotarnine	et	*Bromhydrate de tribromhydrocotarnine*[1]
$C^{12}H^{12}BrAzO^3$		$C^{12}H^{12}Br^3.AzO^3.HBr$
dont le bromhydrate à 200° donne		qui, à 200°, se transforme en
Bromhydrate de tarconine		*Bromotarconine*
$C^{11}H^9AzO^3.HBr$		$C^{11}H^8BrAzO^3.$

Celle-ci donne avec :

H²O à + 150°	eau bromée en excès	les iodures alcooliques	HCl à 120°
Cupronine	*Cuprine*	*Iodalkylate de bromotarconine*	*Acide narlique*
$C^{20}H^{18}Az^2O^6$	$C^{11}H^7AzO^5$	$C^{11}H^8BrAzO^3.C^nH^{2n+1}I$	$C^{20}H^{16}Az^2O^6$
et	et	qui, avec BaH^2O^2 à chaud, donne	
Tarnine	*Dibromapophylline*	*Acide éthyl ou méthylbromotarconique*	
$C^{11}H^9AzO^4$	$C^{14}H^{10}Br^4Az^2O^4$	$C^{10}H^7Br(C^nH^{2n+1})AzO^3$	
		que HCl à 150° transforme en	
		Acide tarconique	
		$C^{10}H^7AzO^3$	

1. Encore obtenu par l'action de l'eau bromée sur la *cotarnine*.

II. — **Acide apophyllique**, $C^8H^7AzO^4 + H^2O$.

L'acide apophyllique n'est pas un produit d'oxyda-tion directe de la narcotine, mais bien de la cotarnine ou de la bromotarconine, qui dérive elle-même de la narcotine par oxydation.

On le prépare en chauffant la cotarnine avec de l'acide azotique étendu d'eau, jusqu'à ce que la po-tasse ne produise plus de précipité de cotarnine dans le liquide. Après refroidissement, on ajoute de l'al-cool, puis de l'éther qui précipitent l'acide.

Ses solutions saturées froides l'abandonnent en octaèdres rhombiques renfermant une molécule d'eau : il se dépose de ses solutions saturées chaudes en fines aiguilles anhydres, fondant à 241-242° en se décomposant. Il perd son eau de cristallisation à 120°.

On l'obtient encore en chauffant l'acide cinchomé-ronique ou acide pyridinedicarbonique avec de l'io-dure de méthyle et de l'alcool méthylique.

Inversement, l'acide apophyllique chauffé avec de l'acide chlorhydrique fournit du chlorure de méthyle et régénère l'acide cinchoméronique.

$$C^8H^7AzO^4 + HCl = CH^3Cl + C^7H^5AzO^4$$
Acide   Acide
apophyllique   cinchoméronique

L'acide apophyllique étant monobasique, il était possible de le considérer, au premier abord, comme l'éther monométhylique de l'acide cinchoméronique :

$$C^8H^3Az\begin{cases} COOH \\ COOCH^3 \end{cases}$$

Cependant, cette manière de voir ne saurait être admise : en effet, l'acide apophyllique ne se laisse pas transformer en acide cinchoméronique par l'action des alcalis, ce que ferait évidemment un éther de cette formule ; de plus, il est peu probable que le groupe méthyle, s'il occupait la position indiquée, puisse résister à l'oxydation énergique qui donne naissance à l'acide apophyllique. Des recherches ultérieures faites par Gerichten sur d'autres dérivés de la cotarnine, lui ont démontré que ces corps qui, par oxydation, fournissent aussi de l'acide apophyllique, renferment un groupe méthylène ou méthyle lié à l'azote, et Gerichten proposa, pour l'acide apophyllique l'une des deux formules suivantes, qui en feraient le dérivé d'une dihydropyridine :

$$CH^3 - Az = C^5H^3\genfrac{<}{>}{0pt}{}{CO}{O} \quad ou \quad CH^3 - Az = C^5H^4 - COOH$$
$$\quad\quad\quad | \quad\quad\quad\quad\quad\quad\quad\quad | \quad\quad\quad\quad |$$
$$\quad\quad COOH \quad\quad\quad\quad\quad\quad O\text{———}CO$$

D'un autre côté Roser, qui a obtenu l'acide apophyllique en traitant l'acide cinchoméronique par l'iodure de méthyle, représente la réaction de la manière suivante :

$$C^5H^3(COOH)^2 \equiv Az + CH^3I = C^5H^3(COOH)^2 \equiv Az\genfrac{<}{.}{0pt}{}{CH^3}{I}$$

Acide cinchoméronique   Iodométhylate de l'acide cinchoméronique

$$C^5H^3(COOH)^2 \equiv Az\genfrac{<}{.}{0pt}{}{CH^3}{I} = HI + C^5H^3(COOH) \equiv Az - CH^3$$
$$\quad\quad\quad\quad\quad\quad\quad\quad\quad\quad\quad\quad\quad | \quad\quad\quad\quad\quad\quad | $$
$$\quad\quad\quad\quad\quad\quad\quad\quad\quad\quad\quad CO\text{———}O$$

Acide apophyllique

L'acide apophyllique serait, d'après Roser, la méthylbétaïne de l'acide cinchoméronique. Sa constitution est analogue à celle des bétaïnes des acides picolique, nicotique et cinchoninique préparées par Claus

et par Hantzsch. On doit le considérer comme un anhydride dérivant théoriquement du méthylhydrate de
l'acide cinchoméronique, par perte d'une molécule
d'eau. Celle-ci se forme aux dépens de l'hydroxyle lié
à l'azote et de l'hydrogène de l'un des carboxyles;
comme on ne connaît pas encore celui des deux carboxyles qui a subi cette déshydrogénation, on peut
admettre pour l'acide apophyllique l'une des deux formules suivantes :

$$\text{COOH} \quad \text{—CO} \quad \text{Az—O} \quad \text{CH}^3 \qquad \text{ou} \qquad \text{CO} \quad \text{—COOH} \quad \text{O—Az} \quad \text{CH}^3$$

Or, l'acide apophyllique forme, avec l'acide chlorhydrique, un chlorhydrate cristallisé auquel Roser
attribue la constitution :

$$\text{COOH—} \quad \text{COOH—} \quad C^6H^3 \quad \text{Az(CH}^3\text{)Cl}$$

formule qui se déduit sans peine de celle adoptée pour
la bromotarconine : l'oxydation de cette dernière pro-
duirait la rupture du noyau benzinique et la formation
de deux carboxyles placés en ortho. La formation de
l'acide apophyllique par oxydation de la bromotarconine s'explique donc aisément en partant de la formule
de constitution adoptée par Roser pour la cotarnine.

Or, si l'on compare les formules qui représentent
l'acide cotarnique et le chlorhydrate d'acide apophyl-

lique avec celle qui représente la cotarnine, on constate qu'il existe entre elles les mêmes relations que celles qui lient l'acide phtalique et l'acide cinchoméronique à l'isoquinoline :

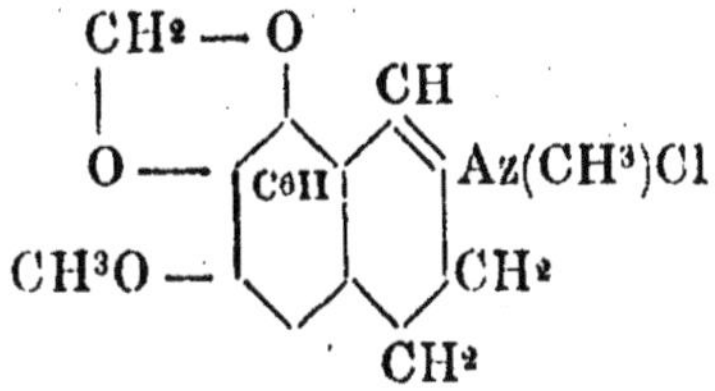

$$\begin{array}{c}
CH^2\!-\!O \\
\Big| \qquad \Big| \qquad CH \\
O\!-\!\big(C^6H\big)\!-\!Az(CH^3)Cl \\
CH^3O\!-\!\qquad CH^2 \\
CH^2
\end{array}$$

Chlorhydrate de cotarnine

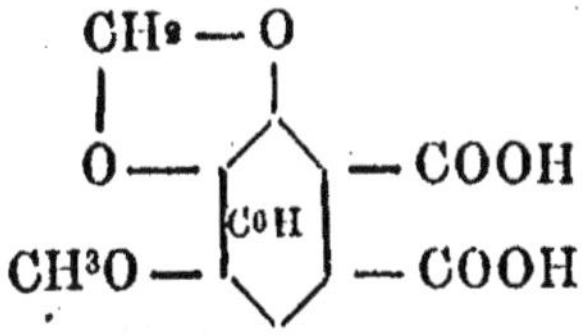

$$\begin{array}{c}
CH^2\!-\!O \\
\Big| \qquad \Big| \\
O\!-\!\big(C^6H\big)\!-\!COOH \\
CH^3O\!-\!\qquad\!-\!COOH
\end{array}$$

Acide cotarnique

$$\begin{array}{c}
COOH\!-\!\big(C^6H^3\big)\!-\!Az(CH^3)Cl \\
COOH\!-\!
\end{array}$$

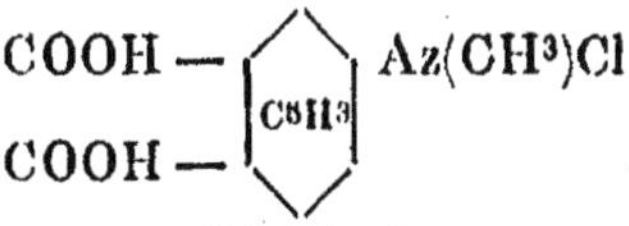

Chlorhydrate
d'acide apophyllique

Isoquinoline

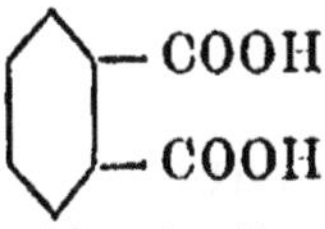

Acide phtalique 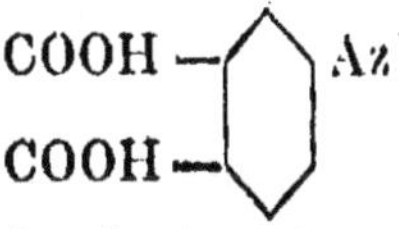   Acide cinchoméronique

Or, l'acide apophyllique a été obtenu en partant de l'acide cinchoméronique ; on peut donc admettre, comme Roser l'a fait, que l'acide cotarnique est un acide phtalique substitué.

III. — Acide opianique, $C^{10}H^{10}O^5$.

Cet acide a été obtenu en 1842 par Liebig et Woëhler, en même temps que la cotarnine, en oxydant la narcotine par l'acide sulfurique et le bioxyde de manganèse : plus tard Anderson l'a obtenu d'une manière plus simple en faisant agir l'acide azotique étendu sur la narcotine.

Blyth l'a obtenu en traitant la narcotine par le chlorure de platine ; enfin, ce même acide prend naissance dans l'oxydation de *l'hydrastine* (alcaloïde extrait de la racine de l'*Hydrastis canadensis*) par l'acide azotique ou le permanganate de potasse.

Nous avons déjà signalé sa préparation (Voir *Cotarnine*).

Il cristallise en petits prismes fusibles à 150° et très peu solubles dans l'eau.

C'est un acide monobasique, à fonctions multiples : il renferme, en effet, un groupe aldéhydique que l'oxydation transforme en acide correspondant, l'*acide hémipinique* $C^{10}H^{10}O^6$ et qui, par réduction (amalgame de sodium, ou zinc et acide sulfurique), fournit la *méconine* $C^{10}H^{10}O^4$, dont il sera question plus loin.

De plus, sous l'influence de l'acide chlorhydrique ou iodhydrique, l'acide opianique perd deux molécules de chlorure ou d'iodure d'éthyle, ce qui indique l'existence de deux groupes méthoxyles. Enfin, il renferme un groupe carboxyle auquel il doit ses propriétés acides.

L'acide opianique, chauffé avec l'acide chlorhydrique ou iodhydrique, peut perdre successivement un ou deux méthoxyles, et donne dans ces conditions :

1° *L'acide méthylnoropianique* $C^9H^8O^5$, prismes fusibles à 154° ;

2° *L'acide noropianique* $C^8H^6O^5 + 1\ 1/2 H^2O$ fondant à 171°.

La constitution de l'acide opianique peut donc se représenter sans hésitation par la formule :

$$C^6H^2(OCH^3)^2(COH)(COOH).$$

La position des groupes COH et OCH³ se trouve déterminée par le fait que l'acide opianique, distillé avec de la chaux sodée, fournit de la *diméthylpyrocatéchine* C⁶H⁴O.CH³(1) OCH³(2) et de la *méthylvanilline*, dont la constitution, établie par sa transformation en *acide vératrique* C⁶H³COOH (1) OCH³ (3) OCH³ (4) puis en *vanilline* C⁶H³.COH (1) OCH³ (3) OH (4) d'une part, et d'autre part par sa synthèse réalisée en faisant agir l'iodure de méthyle sur la vanilline potassée, doit se représenter par la formule :

$$C^6H^3.COH(1).OCH^3(3)OCH^3(4).$$
Méthylvanilline

On peut déduire de ce qui précède, pour l'acide opianique, la structure suivante :

$$C^6H^2.COH(1).OCH^3(3).OCH^3(4).COOH(?).$$

Mais un fait, qui indique bien que les groupes COH et COOH de l'acide opianique doivent se trouver l'un par rapport à l'autre dans la position *ortho*, réside dans ce que cet acide, traité par l'acide sulfurique à 180°, se transforme en un corps de la formule C¹⁴H⁸O⁶, la *ruflo-pine*, dont la constitution est celle d'une tétraoxyanthraquinone :

$$C^6H^2(OH)^2 \Big\langle {{CO}\atop{CO}} \Big\rangle C^6H^2(OH)^2$$

Nous n'insisterons pas davantage sur les propriétés générales de l'acide opianique; nous laisserons de côté les combinaisons nombreuses et très intéressantes, d'ailleurs, de cet acide, mais dont l'étude nous entraînerait loin de notre sujet.

Nous n'avons voulu signaler ici que les propriétés caractéristiques de l'acide opianique au point de vue de sa constitution, pour arriver, grâce à ces résultats, à expliquer le groupement des molécules dans l'alcaloïde qui nous intéresse, la narcotine.

Avant de terminer ce chapitre, il est bon, cependant, de rappeler que l'acide opianique, soumis à l'oxydation, fournit l'*acide hémipinique*, $C^{10}H^{10}O^{4}$, et que, par réduction, il donne naissance à la *méconine* $C^{10}H^{10}O^{4}$; de plus, chauffé avec de la potasse, il se scinde en acide hémipinique et méconine, ce qui prouve nettement qu'il existe entre ces trois composés les relations d'acide, d'aldéhyde et d'alcool; nous aurons, du reste, l'occasion de revenir sur ce point.

IV. — Acide hémipinique $C^{10}H^{10}O^{6}$.

L'acide hémipinique est à peu près le dernier terme de l'oxydation de la narcotine, ou plutôt de l'acide opianique, avant d'arriver à une destruction complète de la molécule.

Il prend naissance dans l'oxydation, non seulement de la narcotine, mais encore dans celle de plusieurs autres alcaloïdes, l'oxynarcotine, la narcéine, la papavérine, la berbérine.

Ici nous nous contenterons d'envisager les relations qui l'unissent à l'acide opianique et à la narcotine, en vue d'exposer la constitution de cette dernière.

L'acide hémipinique se prépare le plus simplement en oxydant son aldéhyde, l'acide opianique, à l'aide du bioxyde de plomb et de l'acide sulfurique.

Il cristallise en prismes rhomboïdaux obliques contenant de 1/2 à 2 1/2 molécules d'eau, fusibles à 180° et volatils sans décomposition.

L'acide hémipinique est un acide bibasique, ce qui était à prévoir, l'acide opianique étant monobasique avec une fonction aldéhydique :

$$(CH^3O)^2C^6H^2\begin{cases}COH\\COOH\end{cases} + O^2 = H^2O + (CH^3O)^2C^6H^2\begin{cases}COOH\\COOH\end{cases}$$

Acide opianique   Acide hémipinique

Soumis à l'action de la chaleur, il donne un anhydride $C^{10}H^8O^5$, ce qui prouve que ses deux carboxyles se trouvent, l'un par rapport à l'autre, dans la position ortho.

Ce fait, joint à ceux qui ont servi à déterminer les positions de trois des groupes de substitution de l'acide opianique montre que la constitution de l'acide hémipinique ne peut répondre qu'à l'une ou l'autre des deux formules suivantes :

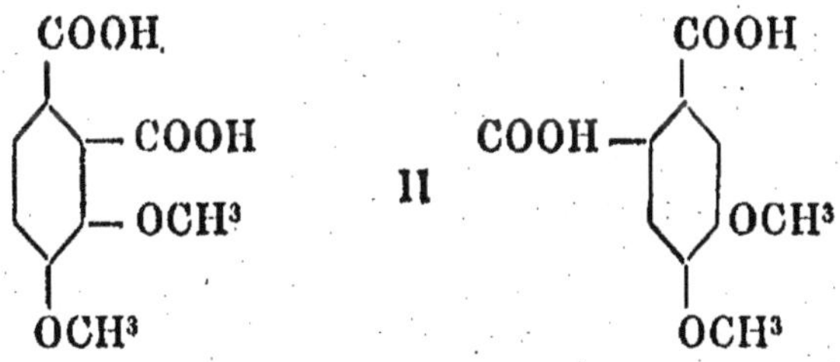

$$\text{I} \qquad\qquad\qquad\qquad \text{II}$$

Cette question a été résolue, d'une manière fort élégante, par Wegscheider : d'après les théories actuellement admises sur l'isomérie dans la série aromatique, un corps de la première des deux formules précédentes pourra fournir deux éthers acides différents, tandis qu'un corps de la seconde formule n'en pourra

donner qu'un seul. Il est évident, en effet, que les
deux éthers :

$$COOH - \overset{\displaystyle COOCH^3}{\underset{\displaystyle OCH^3}{\bigodot}} - OCH^3 \qquad CH^3 - COO - \overset{\displaystyle COOH}{\underset{\displaystyle OCH^3}{\bigodot}} - OCH^3$$

seront identiques, les groupes de substitution occu-
pant des positions absolument semblables les unes
par rapport aux autres.

Or, Wegscheider a réussi à préparer deux éthers
monométhyliques, de l'acide hémipinique, l'un (éther
α-méthylique) en oxydant l'opianate de méthyle,
l'autre (éther β-méthylique) en traitant une solution
alcoolique d'acide hémipinique par un courant d'acide
chlorhydrique.

Ces deux éthers se différencient nettement l'un de
l'autre : le premier renferme une molécule d'eau de
cristallisation, et fond à 96-98° (121-122° après dessiccation), l'autre est anhydre et fond à 137-138°. C'est
donc la formule I qui revient à l'acide hémipinique, et
les positions relatives des groupes de substitution
seront les suivantes : COOH (1), COOH (2), OCH³ (3),
OCH³ (4), et comme conclusion, la constitution de
l'acide opianique sera représentée par la formule :

$$\overset{\displaystyle COH}{\underset{\displaystyle OCH^3}{\bigodot}} \begin{array}{l} -COOH \\ -OCH^3 \end{array}$$

CONSTITUTION DE LA NARCOTINE

Nous savons que la narcotine $C^{22}H^{23}AzO^7$ se dédouble nettement sous l'influence des agents oxydants en acide opianique et en cotarnine, dont nous connaissons maintenant la constitution, et la cotarnine peut être considérée ici comme un produit d'oxydation de l'hydrocotarnine :

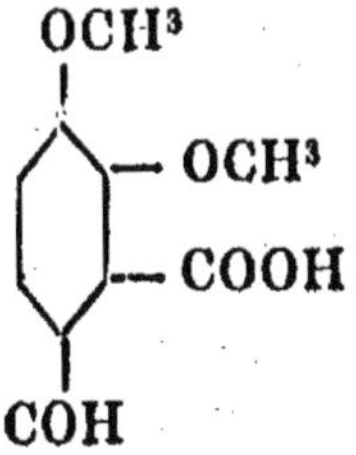

Acide opianique

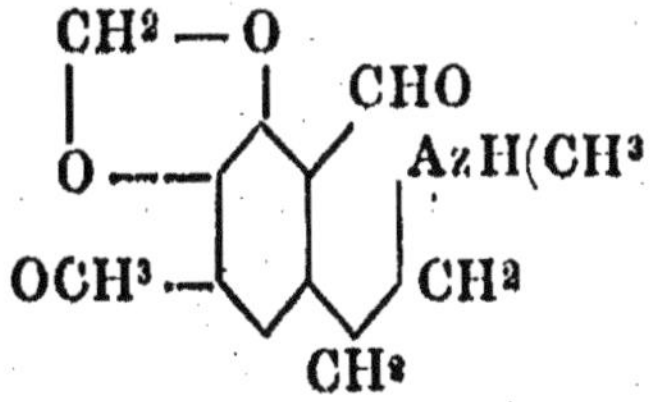

Cotarnine

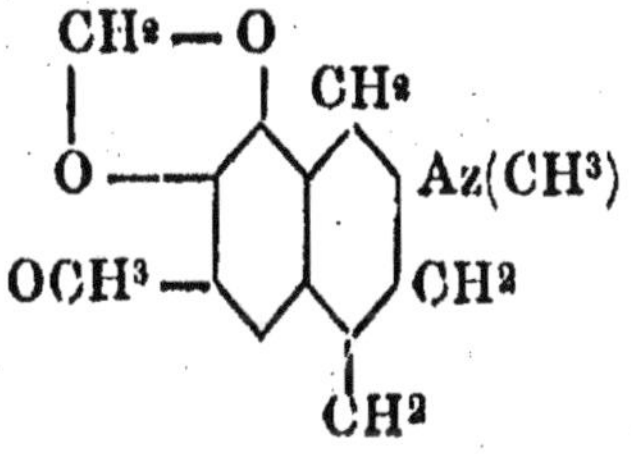

Hydrocotarnine

Or la liaison de ces deux corps ne peut avoir lieu par l'intermédiaire de l'un des atomes d'oxygène de la narcotine, car sur les sept atomes qu'elle en contient, cinq sont unis à des radicaux alcooliques (3 au méthyle et 2 au méthylène) et les deux derniers sont engagés dans une liaison lactonique dont la rupture par oxydation provoque le dédoublement de la molécule.

D'autre part, les valences de l'azote sont saturées par

sa liaison au noyau pyridrique d'un côté et par le groupe CH^3 de l'autre.

Il faut donc que ce soit par l'intermédiaire des atomes de carbone que les restes de l'hydrocotarnine et de l'acide opianique soient réunis ; ce ne peuvent être, sans aucun doute, que les deux atomes de carbone qui dans le dédoublement de la narcotine par les agents oxydants s'unissent à l'oxygène, c'est-à-dire les atomes de carbone qui dans la cotarnine et l'acide opianique forment le groupement aldéhydique.

Nous pourrons donc représenter la narcotine par la formule suivante :

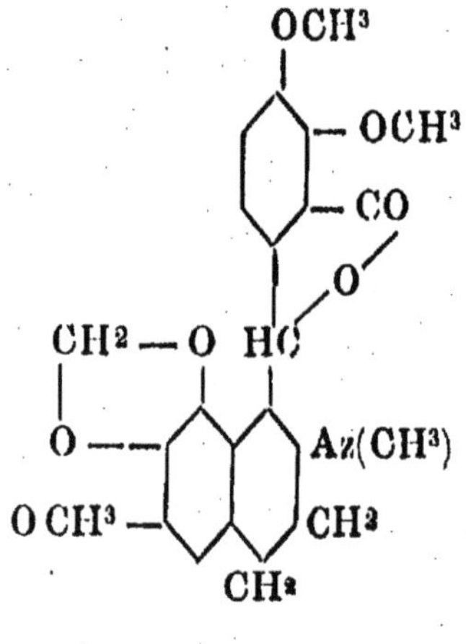

$$OCH^3$$
$$-OCH^3$$
$$-CO$$
$$O$$
$$CH^2-O \quad HC$$
$$O--- \quad Az(CH^3)$$
$$O\,CH^3- \quad CH^3$$
$$CH^3$$

La narcotine est donc une *méconine-hydrocotarnine* et est, comme l'*hydrastine*, proche parente d'un autre alcaloïde de l'opium, la *papavérine* : ils sont tous deux des dérivés d'une benzylquinoline.

On peut déduire de là une autre conséquence : c'est que l'*oxynarcotine* qui se dédouble en acide hémipinique et cotarnine, est une *opianylhydrocotarnine*.

CHAPITRE X

OXYNARCOTINE

$$C^{22}H^{23}AzO^8$$

Cet alcaloïde a été découvert en 1875 par Beckett et Wright dans la narcéine extraite de l'opium et qu'il accompagne en petite quantité.

On sépare ces deux bases en les dissolvant dans une quantité connue d'acide sulfurique dilué et chaud, on neutralise la solution avec une quantité rigoureusement équivalente de soude et le précipité obtenu est traité par un excès d'eau bouillante ; la narcéine se dissout, l'oxynarcotine reste insoluble. On la sépare et on la fait cristalliser dans l'alcool bouillant.

Elle cristallise en tout petits cristaux, à peu près insolubles dans l'eau même bouillante, peu solubles dans l'alcool, insolubles dans la benzine, le chloroforme, l'éther, etc.

Le perchlorure de fer l'oxyde et la transforme en acide hémipinique et cotarnine :

$$C^{22}H^{23}AzO^8 + O \;=\; C^{12}H^{13}AzO^3 \;+\; C^{10}H^{10}O^6$$

Oxynarcotine   Cotarnine   Ac. hémipinique

tandis que la narcotine donne dans les mêmes conditions de la cotarnine et de l'acide opianique, aldéhyde de l'acide hémipinique.

Ce dédoublement montre qu'il existe entre l'oxynarcotine et la narcotine la même relation qu'entre l'acide hémipinique et l'acide opianique, et on peut admettre pour l'oxynarcotine la constitution C^6H^2.$(OCH^3)^2.(COOH).(CO\text{-}C^{12}H^{14}AzO^3)$.

Cependant, Hesse en traitant l'oxynarcotine par l'eau à 140° n'a pu isoler du produit de la réaction ni méconine, ni acide opianique, ni acide hémipinique; il en conclut que l'oxynarcotine est plus voisine, au point de vue de sa constitution, de la narcéine que de la narcotine.

L'oxynarcotine est une base monacide, dont les sels cristallisent.

CHAPITRE XI

NARCÉINE

$$C^{23}H^{27}AzO^8 + 3H^2O$$

La narcéine existe en petites quantités dans l'opium ($0^{gr},1$ p. 100) d'où elle a été retirée par Pelletier en 1832.

Préparation. — 1° Pelletier a isolé la narcéine de la manière suivante : l'opium est épuisé à l'eau froide ; le liquide filtré est évaporé et l'extrait obtenu repris par l'eau pour séparer la narcotine. Dans la solution aqueuse la morphine est précipitée par l'ammoniaque et l'excès d'alcali chassé par l'ébullition.

Après séparation de la morphine, on évapore, on traite par la baryte pour précipiter l'acide méconique, l'excès de baryte est éliminé par le carbonate d'ammoniaque et le liquide filtré évaporé en consistance sirupeuse ; au bout de quelques jours de repos en lieu frais, il se produit un dépôt cristallisé d'où l'alcool bouillant enlève la narcéine. Par évaporation des solutions alcooliques, l'alcaloïde se dépose mélangé à de la méconine qu'on sépare au moyen de l'éther.

2° Anderson utilise pour la préparation de la narcéine les eaux mères du sel de Grégory : ces eaux mères étendues d'eau sont traitées par l'ammoniaque qui précipite la narcotine, la thébaïne et des produits résineux. La narcéine reste en solution : la liqueur qui la renferme est précipitée par l'acétate de plomb ; on filtre, on se débarrasse de l'excès de plomb par l'acide sulfurique étendu, on neutralise par l'ammoniaque et on évapore jusqu'à formation d'une pellicule. Le dépôt cristallisé obtenu par refroidissement est recueilli, lavé à l'eau froide, puis traité par l'eau bouillante ; le liquide laisse déposer par refroidissement des cristaux soyeux de narcéine. On la purifie par dissolution dans l'alcool, et recristallisation dans l'eau bouillante.

3° La narcéine s'obtient aujourd'hui synthétiquement, et en grande quantité, en partant de la narcotine. Nous avons déjà vu que cette dernière s'unit à l'iodure de méthyle, et que l'iodo-méthylate ainsi obtenu, traité par la potasse à chaud, avait fourni à Roser un corps qu'il avait appelé *pseudonarcéine*. Or, les recherches récentes de M. Freund ont prouvé l'identité de cette pseudonarcéine avec la narcéine. Pour obtenir cette dernière, il suffit donc de combiner la narcotine à l'iodure de méthyle, de traiter cette combinaison par la potasse, et de chauffer à l'aide d'un courant de vapeur d'eau, pour réaliser la transformation intégrale de la narcotine en narcéine. Celle-ci est purifiée par cristallisation dans l'eau bouillante.

Propriétés. — La narcéine pure cristallise de ses solutions aqueuses bouillantes en longues aiguilles soyeuses, incolores, renfermant *trois molécules* d'eu de cristallisation, qu'elle perd par exposition prolongée à 100°; d'après les recherches récentes de M. Freund sur lesquelles nous aurons l'occasion d'insister, la troisième molécule d'eau n'est chassée qu'au bout d'un temps fort long ; c'est ce qui avait fait admettre pendant longtemps pour la narcéine la composition $C^{23}H^{29}AzO^9 + 2H^2O$ au lieu de $C^{23}H^{27}AzO^8 + 3H^2O$ qui représente sa composition réelle.

La narcéine anhydre est hygroscopique ; elle augmente de poids même sous une cloche desséchée par du chlorure de calcium. Elle fond à 140-143°, mais la présence de traces d'eau de cristallisation élève son point de fusion jusqu'à 162° et même 170°.

M. Hesse avait observé que la narcéine à laquelle il attribuait la formule $C^{23}H^{30}AzO^9$ fondait à 145°,2 en se transformant en un corps répondant à la formule $C^{23}H^{27}AzO^8$, soit de la narcéine moins une molécule d'eau, et paraissant identique à celui qu'on obtient en chauffant la narcéine à 100° avec de l'acide chlorhydrique.

La narcéine se dissout dans 1 285 parties d'eau à 13° (HESSE) et dans 945 parties d'alcool à 80° à la même température. Elle est insoluble dans la benzine, l'éther, et peu soluble dans le chloroforme : cependant, après dessiccation de plusieurs heures à 100° elle se dissout assez facilement dans le chloroforme chaud. Par évaporation de cette dissolution il ne se produit pas de cristaux, mais il suffit de projeter l'haleine sur le résidu pour provoquer une cristallisation immédiate.

Elle est un peu soluble dans l'ammoniaque ; la potasse, la soude, en solution étendue, la dissolvent facilement, mais l'addition d'un excès d'alcali en solution concentrée provoque la séparation d'un liquide huileux qui finit par cristalliser, et qui n'est autre que la combinaison alcaline de la narcéine.

La narcéine est sans action sur la lumière polarisée, aussi bien en solution neutre qu'en solution acide (HESSE).

D'après Bouchardat et Boudet elle serait faiblement lévogyre $[\alpha]_j = -6°,67$.

Soumise à l'action des agents oxydants, la narcéine fournit des produits variables avec la nature des agents employés : ainsi l'acide azotique concentré la transforme en acide oxalique ; avec l'acide chromique elle donne de l'acide carbonique, de la méthylamine et de l'acide hémipinique, mais pas de corps analogue à la cotarnine.

Le perchlorure de fer donne avec la narcéine une assez grande quantité d'acide hémipinique ; le permanganate de potasse en fournit plus ou moins suivant qu'il agit en solution neutre ou acide.

D'après Claus et Meixner, le sulfate de narcéine traité par le permanganate de potasse en solution acide, donnerait naissance à un acide tribasique, l'*acide narcéique* $C^{15}H^{15}AzO^8$, $3H^2O$ que la chaleur décomposerait en acide carbonique, diméthylamine, et acide dioxynaphtaline-dicarbonique

$$C^{15}H^{15}AzO^8 = CO^2 + AzH(CH^3)^2 + C^{12}H^8O^6$$

Acide narcéique   Diméthylamine

Ce dernier aurait été transformé par l'acide iodhydrique en acide naphtaline-dicarbonique et enfin en naphtaline.

D'après les dernières recherches de M. Freund, cet

acide narcéique n'existerait pas, ou tout au moins ne proviendrait que d'une impureté de la narcéine employée par MM. Claus et Meixner : la faible quantité de ce produit obtenue par ces chimistes, et l'impossibilité de reproduire cet acide en partant d'une narcéine absolument pure permettent de le supposer.

La potasse en fusion transforme la narcéine en ammoniaque, di- et triméthylamine, et acide protocatéchique.

Traitée par l'eau de chlore puis avec précaution par l'ammoniaque, la narcéine donne une coloration rouge sang.

Chauffée avec de l'acide sulfurique étendu, à la température de l'eau bouillante, la narcéine se dissout en donnant une coloration rouge violacée qui passe au rouge cerise.

Chauffée avec de l'eau à 140-150° elle se décompose et se carbonise.

L'eau iodée étendue colore en bleu les cristaux de narcéine : s'il y a excès d'iode, la coloration est brune mais peut être ramenée au bleu par addition ménagée d'alcali pour absorber l'excès d'iode.

Au point de vue physiologique, la narcéine passait pour être de tous les alcaloïdes de l'opium celui qui jouissait des propriétés narcotiques les plus énergiques. Il résulte des recherches plus récentes, faites avec un produit absolument pur, que la narcéine ne jouit d'*aucune propriété toxique*[1]. Cette observation concorde d'ailleurs, ainsi que nous allons le voir, avec les recherches de M. Freund qui ont établi l'iden-

1. V. Schroeder, *Arch. f. exper. Pathol. und Pharmacolog.* 1883, p. 132.

tité de la narcéine avec la *pseudonarcéine* de Roser et qui elle-même se faisait remarquer par son innocuité.

COMPOSITION ET DÉRIVÉS DE LA NARCÉINE

Depuis la découverte de la narcéine par Pelletier en 1832, tous les chimistes qui ont étudié cet alcaloïde ont été d'accord pour lui attribuer la composition $C^{23}H^{29}AzO^9 + 2H^2O$.

Couerbe, Anderson, se basaient pour cela sur les analyses faites de la base libre, de son chlorhydrate, de son chloroplatinate, etc., et cette formule avait été adoptée par MM. Hesse, Beckett et Wright, Claus et Meixner, etc., quand, tout récemment, M. Freund[1], dans un long et intéressant travail publié sur ce sujet, arrivait à des conclusions absolument différentes, établissait l'identité de la pseudonarcéine et de la narcéine, modifiait la formule représentant la composition de cette dernière, étudiait un certain nombre de ses dérivés et donnait de sa constitution une représentation graphique fort acceptable.

Pour ne pas compliquer l'exposé des faits, nous demanderons à nos lecteurs la permission de résumer ici le travail de M. Freund : il n'y aura de la sorte aucune confusion possible entre les données anciennes — peu nombreuses d'ailleurs — et les résultats récents dont la précision mérite de fixer notre attention, sur la narcéine.

Rappelons seulement que Wright, en faisant agir l'acide chlorhydrique concentré à 100° sur la narcéine, avait obtenu une base amorphe répondant à la

---

1. M. Freund, *Annal. der Chem.*, 277, 21, 1893.

composition $C^{23}H^{27}AzO^8$, très soluble dans le carbonate de soude et les alcalis caustiques, et que le perchlorure de fer colore en bleu pourpre. Cette base a paru identique à celle que Hesse avait obtenue par simple fusion de la narcéine commerciale, et qui en dérive par perte d'une molécule d'eau.

La base de Wright et celle de Hesse ne sont, comme nous allons le voir, que de la narcéine anhydre, ainsi que l'a démontré Freund.

C'est en faisant agir les alcalis sur la narcéine que ce chimiste est arrivé à obtenir des sels bien caractérisés, mais ne se rapportant pas, après analyse, à la formule $C^{23}H^{29}AzO^9$ établie par Anderson pour la narcéine : ils en différaient par H^2O en moins, ce qui donnait pour la narcéine la formule $C^{23}H^{27}AzO^8$ et pour ses dérivés métalliques, celui de sodium, par exemple, la formule $C^{23}H^{26}NaAzO^8$.

La première supposition faite à ce propos fut que la narcéine, par perte d'une molécule d'eau, se transformait d'abord en *aponarcéine;* cette hypothèse paraissait justifiée par ce fait que le sel alcalin de narcéine, traité par une solution alcoolique d'acide chlorhydrique, fournissait le chlorhydrate $C^{23}H^{27}AzO^8,HCl$.

D'autre part, l'action des iodures alcooliques sur le sel de sodium de la narcéine donnait naissance à des composés d'addition répondant à cette formule; mais la base correspondante ne pouvait être isolée : chaque fois qu'on décomposait le sel de sodium par un acide, en solution aqueuse ou alcoolique, c'était toujours la narcéine qui était régénérée.

La facilité avec laquelle s'obtenaient ces combinaisons alcalines fit penser à l'existence d'un groupe carboxyle, et en effet, en traitant ces combinaisons alcalines, en suspension dans l'alcool par de l'acide chlorhydrique sec, il se produisait un éther et le chlorhydrate d'une base nouvelle : $C^{23}H^{26}(R)AzO^8,HCl$.

Bien plus, la narcéine, traitée de la même manière, donne naissance à des composés identiques, ce qui obligeait à admettre, avec la formule d'Anderson, que là encore, il y avait élimination d'eau.

Or tout s'explique de la manière la plus simple, si on admet, ainsi que de nombreuses et minutieuses analyses le démontrent, que la narcéine, au lieu de répondre à la formule à elle assignée par Anderson $C^{23}H^{20}AzO^9,2H^2O$, répond à la composition $C^{23}H^{27}AzO^8,3H^2O$.

Ces résultats, assez surprenants au premier abord, attirèrent l'attention de M. Freund sur un corps que M. Roser[1] avait obtenu quelques années auparavant, en faisant agir les alcalis sur l'*iodométhylate de narcotine* et auquel il avait donné le nom de *pseudonarcéine*.

En chauffant avec de la potasse cet iodométhylate de narcotine, il se produit une transposition moléculaire, le radical méthyle entre dans la molécule et on obtient un composé répondant à la formule $C^{23}H^{27}AzO^8$, ainsi que le représente l'équation :

$$C^{22}H^{23}AzO^7.CH^3I + KOH = KI + C^{23}H^{27}AzO^8$$

Ce corps cristallise avec trois molécules d'eau et possède toutes les propriétés chimiques de la narcéine ; il n'en diffère que par ses propriétés physiologiques qui sont nulles (nous venons de voir que la narcéine *pure* ne jouit pas des propriétés physiolo-

1. Roser, *Annal. der chem. 254*, 357.

giques qu'on lui attribuait jusqu'alors) et par ce fait, qu'à 100° il perdait assez facilement ses trois molécules d'eau de cristallisation.

A part cela, l'identité de la pseudonarcéine de Roser avec la narcéine de Freund est complète.

Or Freund a déjà démontré que les différences signalées sur ces deux points n'étaient qu'apparentes, et il a, dans la suite de son travail, prouvé l'identité complète entre le produit de Roser et la narcéine : nous y reviendrons d'ailleurs.

Pour faciliter la tâche du lecteur, nous allons exposer ici, au lieu de les reporter à la fin du chapitre, les considérations théorique émises par Freund sur la constitution de la narcéine : il n'en sera que plus facile, après cela, de comprendre les différentes modifications et transformations que peut subir cet alcaloïde.

CONSTITUTION DE LA NARCÉINE

La *narcotine* s'unit à l'iodure de méthyle pour donner un iodure d'ammonium quaternaire, répondant à la formule $C^{22}H^{23}AzO^7$. CH^3I. Celui-ci traité par la potasse a fourni à Roser une base nouvelle $C^{23}H^{27}AzO^8$ qu'il a appelée *pseudonarcéine* et que Freund a identifiée avec la narcéine.

En tenant compte des recherches de Roser sur la narcotine et de celles exécutées parallèlement sur l'*hydrastine* qui offre avec cette base de grandes analogies, et sur la *méthylhydrastéine*, Freund [1] est arrivé à expliquer par la formule suivante la transformation de l'iodométhylate de narcotine en (pseudo)narcéine.

1. Freund, *Annal. der chem.* **272**, 347.

en adoptant pour la narcotine la formule de constitution établie par Roser :

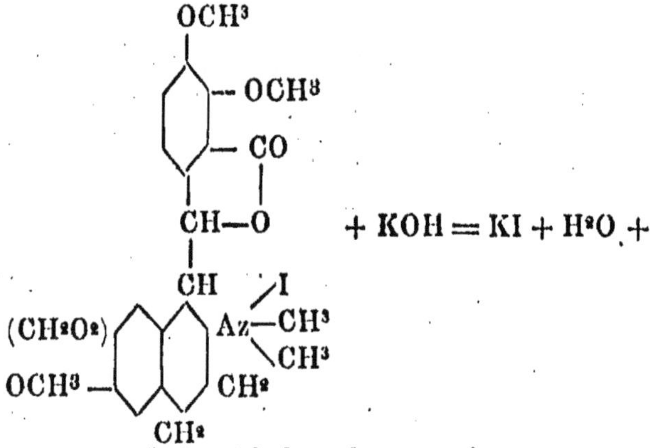

$$\text{OCH}^3$$

$$-- \text{OCH}^3$$

$$- \text{CO}$$

$$\text{CH} - \text{O}$$

$$+ \text{KOH} = \text{KI} + \text{H}^2\text{O} +$$

$$\text{CH} \diagdown \text{I}$$

$$(\text{CH}^2\text{O}^2) \quad \text{Az} - \text{CH}^3$$

$$\text{OCH}^3 - \diagdown \text{CH}^3$$

$$\text{CH}^2$$

$$\text{CH}^2$$

Iodométhylate de narcotine

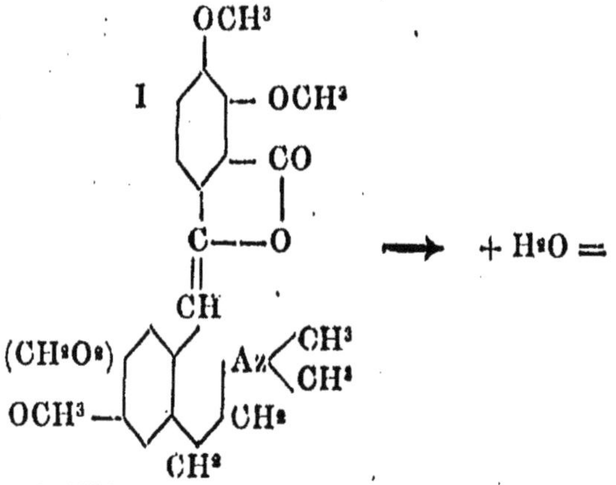

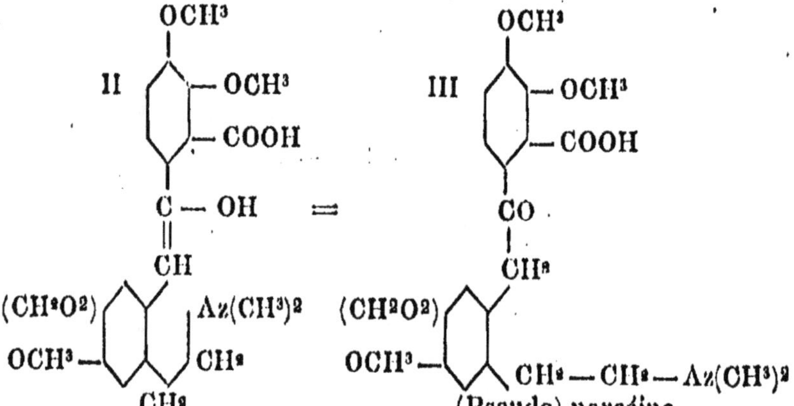

$$\text{OCH}^3$$

$$\text{I} \quad -- \text{OCH}^3$$

$$- \text{CO}$$

$$\text{C} -- \text{O}$$

$$\text{CH}$$

$$(\text{CH}^2\text{O}^2) \quad \text{Az} \diagdown \text{CH}^3 \atop \text{CH}^4$$

$$\text{OCH}^3 - \text{CH}^2$$

$$\text{CH}^2$$

$$\longrightarrow \quad + \text{H}^2\text{O} =$$

$$\text{OCH}^3$$

$$\text{II} \quad - \text{OCH}^3$$

$$- \text{COOH}$$

$$\text{C} - \text{OH} \quad =$$

$$\text{CH}$$

$$(\text{CH}^2\text{O}^2) \quad \text{Az}(\text{CH}^3)^2$$

$$\text{OCH}^3 - \text{CH}^2$$

$$\text{CH}^2$$

$$\text{OCH}^3$$

$$\text{III} \quad - \text{OCH}^3$$

$$- \text{COOH}$$

$$\text{CO}$$

$$\text{CH}^2$$

$$(\text{CH}^2\text{O}^2)$$

$$\text{OCH}^3 - \text{CH}^3 - \text{CH}^2 - \text{Az}(\text{CH}^3)^2$$

(Pseudo) narcéine

Avec la narcotine le produit intermédiaire correspondant à la formule (I) n'a pu être isolé, mais il est permis d'admettre sa formation temporaire, par analogie avec l'hydrastine qui, dans les mêmes conditions, donne par transformation progressive de son iodométhylate, d'abord de la *méthylhydrastine*, puis, par rupture de la liaison lactone, de la *méthylhydrastéine.*

L'identité de la pseudonarcéine et de la narcéine étant établie, il en résulte que la formule (III) s'applique à la narcéine.

En ce qui concerne la position des chaînes latérales dans le second noyau benzinique, on ne sait qu'une chose, c'est que les groupes (CH^2O^2) et (OCH^3) sont voisins et si l'on admet que dans la narcotine le groupe (CH^2O^2) se trouve à la même place que dans l'hydrastine, il ne reste pour la narcéine que l'une des deux formules suivantes :

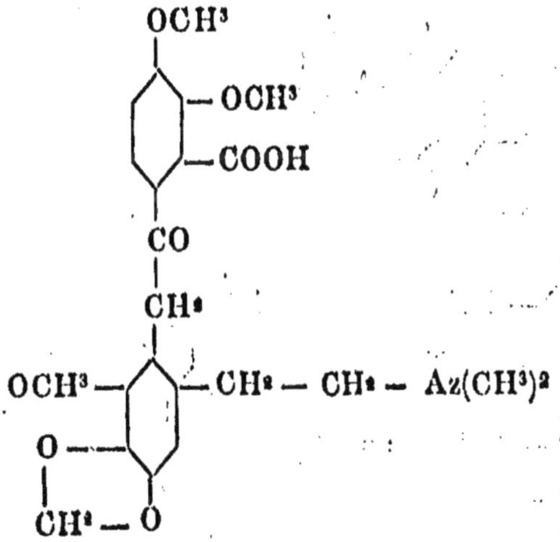

$$OCH^3$$
$$—OCH^3$$
$$—COOH$$
$$CO$$
$$CH^2$$
$$OCH^3——CH^2—CH^2—Az(CH^3)^2$$
$$O—$$
$$CH^2—O$$

ou bien :

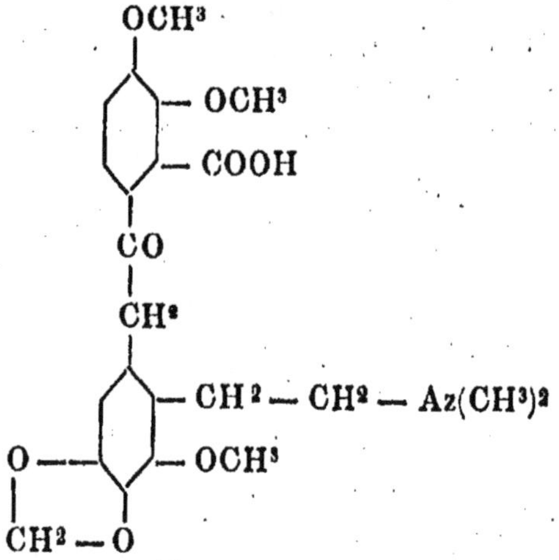

$$
\begin{array}{l}
OCH^3 \\
\quad - OCH^3 \\
\quad - COOH \\
CO \\
CH^2 \\
\quad - CH^2 - CH^2 - Az(CH^3)^2 \\
O - \quad - OCH^3 \\
CH^2 - O
\end{array}
$$

La narcéine serait d'après cela une phénylbenzyl-cétone substituée.

Beckett et Wright avaient déjà émis une hypothèse sur les relations existant entre la narcotine, l'oxynarcotine et la narcéine, et cette hypothèse se trouve aujourd'hui presque complètement vérifiée.

Ils admettaient pour ces trois alcaloïdes les formules :

Narcotine $(C^{12}H^{14}AzO^3) - CO - C^6H^2 \left\{ \begin{array}{l} OCH^3 \\ OCH^3 \\ COH \end{array} \right.$

Oxynarcotine $(C^{12}H^{14}AzO^3) - CO - C^6H^2 \left\{ \begin{array}{l} OCH^3 \\ OCH^3 \\ COOH \end{array} \right.$

Narcéine $(C^{13}H^{20}AzO^4) - CO - C^6H^2 \left\{ \begin{array}{l} OCH^3 \\ OCH^3 \\ COOH \end{array} \right.$

ce qui est exact, sauf que la narcotine, au lieu d'être une aldéhyde, est une lactone, et que pour la narcéine le groupe $(C^{13}H^{20}AzO^4)$ est à transformer en $(C^{13}H^{18}AzO^3)$ d'après les recherches de Freund.

D'après ce qui précède, ce groupe $C^{13}H^{18}AzO^3$ est constitué par un groupe benzénique polysubstitué.

La formule de la narcéine établie par Freund ne renferme pas de carbone asymétrique, ce qui concorde avec l'inactivité optique constatée par Hesse : elle permet de plus d'expliquer la formation d'acide hémipinique, ainsi que celle de di- et triméthylamine par oxydation.

La production de combinaisons salines avec les bases, et d'éthers avec les alcools, se justifie par la présence d'un carboxyle : les combinaisons avec la phénylhydrazine et l'hydroxylamine, dont il sera question plus loin, caractérisent la formation cétonique ; enfin elle renferme les trois groupes méthoxyles dont l'analyse directe a démontré l'existence dans la molécule de la narcéine.

Mais la formule de Freund ne permet pas d'expliquer les résultats obtenus par MM. Claus et Ritzefeld en faisant agir la potasse sur les iodalcoylates de narcéine ; ils auraient obtenu des alkylnarcéines, ce qu'ils représentaient par l'équation suivante [1].

$$C^{23}H^{40}AzO^9.RI + KOH = KI + H^2O + C^{23}H^{28}(R)AzO^9$$

Or les recherches de Freund sur ce sujet ont abouti à des résultats bien différents de ceux de Claus et Ritzefeld : nous verrons plus loin que par l'action de l'iodure de méthyle sur la narcéine, il a obtenu un produit d'addition qui sous l'influence de la potasse se scinde nettement en triméthylamine et en un nouvel acide, l'*acide narcéonique* :

$$C^{23}H^{27}AzO^8.CH^3I + 2KOH = KI + Az(CH^3)^3 + H^2O + C^{21}H^{10}KO^8$$

Acide
narcéonique

1. En adoptant l'ancienne formule de la narcéine.

Cette réaction peut s'expliquer de la façon suivante :

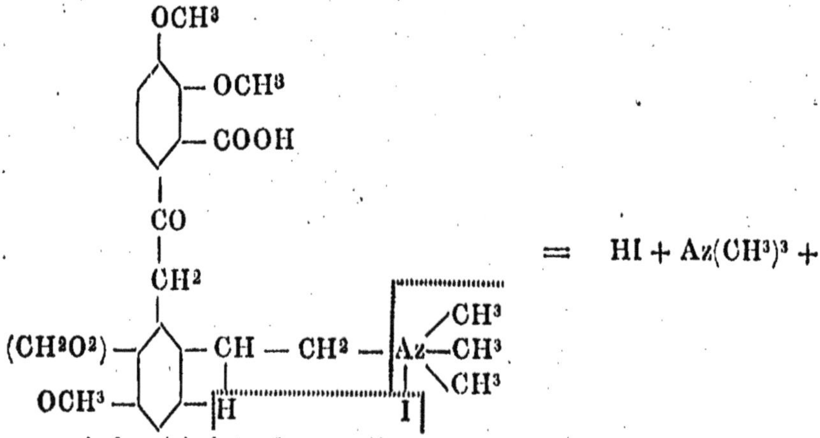

$$CO_2 = HI + Az(CH^3)^3 +$$

Iodométhylate de narcéine

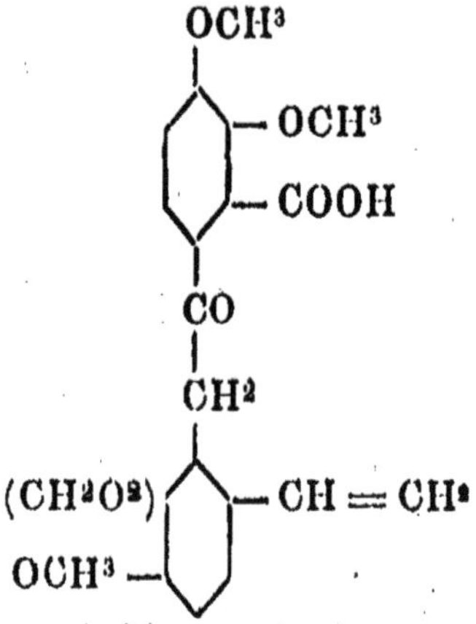

Acide narcéonique

Un autre fait, que ne permettrait pas d'expliquer la formule de constitution de la narcéine adoptée par Freund, serait la formation d'*acide narcéique tribasique* sous l'influence du permanganate de potasse, et le dédoublement de cet acide en acide carbonique, diméthylamine et acide dioxynaphtalinedicarbonique. Nous avons déjà fait observer que le faible rendement obtenu par MM. Claus et Meixner en acide narcéique et l'impossibilité où Freund s'est trouvé de le reproduire, permettaient de supposer que sa formation est due à une réaction secondaire, à une impureté probable de la narcéine employée par ces deux auteurs.

En résumé, on connaît maintenant complètement la constitution de trois alcaloïdes de l'opium : la papavérine, la narcotine et la narcéine.

Les deux premiers sont des dérivés directs de l'isoquinoline ; la narcéine a avec cette dernière quelque rapport, et si l'on considère que les travaux récents faits sur la berbérine et l'hydrastine ont démontré que ces deux bases naturelles sont aussi des dérivés de l'isoquinoline, on peut être amené à se demander si cette base ne constitue pas la substance primordiale de la plupart, sinon de tous les alcaloïdes végétaux.

L'exposé aussi succinct que possible que nous venons de faire de la constitution de la narcéine nous permettra d'étudier avec facilité les combinaisons nombreuses que les diverses fonctions chimiques accumulées dans cette molécule permettent de prévoir.

1° Combinaison de la narcéine avec les bases.

La narcéine, comme on le sait depuis longtemps, se dissout facilement dans les solutions alcalines étendues : Anderson, puis Hesse avaient obtenu la combinaison potassique de la narcéine, mais n'en avaient pas reconnu la nature. Freund a préparé la narcéine potassée en faisant dissoudre l'alcaloïde dans une lessive de potasse à 33 0/0 à la température de 60-70° : il se forme une masse cireuse qui, par refroidissement, devient pulvérulente, d'aspect cristallin, et qu'on purifie, après expression entre des plaques poreuses, par dissolution dans l'alcool absolu, auquel on ajoute de l'éther jusqu'à trouble persistant. Au bout de peu de temps il se dépose des aiguilles cristallines, renfermant un excès d'alcali, et qu'une nouvelle cristallisation rend pures. Ce composé fond à 90° et répond à la composition $C^{23}H^{26}KAzO^8 + C^2H^6O$.

La combinaison sodique s'obtient de la même manière, et cristallise aussi avec une molécule d'alcool ; elle est moins soluble dans l'alcool que le dérivé potassique.

La **Pseudonarcéine**, traitée de même, fournit des résultats identiques.

La narcéine sodée, additionnée de chlorure de baryum, donne un précipité formé de fines aiguilles incolores, peu solubles dans l'eau, fusibles à 182°. Ce composé répond à la formule $(C^{23}H^{26}AzO^8)^2Ba$. Par double décomposition dans les conditions ordinaires, Freund a obtenu les dérivés argentique, plombique et cuprique de la narcéine.

Les combinaisons alcalines solubles de la narcéine sont décomposées en solution aqueuse par l'acide carbonique, avec formation de narcéine cristallisée. Traitées par l'acide chlorhydrique en solution alcoolique, sans excès, elles régénèrent la narcéine : en présence d'un excès d'acide, c'est le chlorhydrate de narcéine qu'on obtient.

Un fait remarquable à signaler est que la narcéine sodée traitée par un iodure alcoolique en présence d'un alcool autre que celui qui entre dans la composition de l'iodure, donne naissance à des dérivés où l'alcool employé comme dissolvant vient prendre la place du sodium dans la combinaison, en même temps qu'il se forme un produit d'addition iodalkylé.

Il s'est produit un éther de la narcéine, qui s'unit à une molécule d'iodure alcoolique.

Parmi les combinaisons ainsi obtenues par Freund, citons :

1° La narcéine sodée avec l'alcool éthylique et l'iodure de méthyle fournit le composé $C^{23}H^{23}(C^2H^5)AzO^8,CH^3I$, fondant à 203°.

2° Avec l'iodure de méthyle et l'alcool méthylique, on obtient le composé $C^{23}H^{26}(CH^3)AzO^8,CH^3I$, fondant à 193-194°.

3° Avec l'iodure d'éthyle et l'alcool éthylique on obtient $C^{23}H^{26}(C^2H^5)AzO^8,C^2H^5I$, fondant à 131°.

Si, au lieu d'employer l'alcool, on fait agir l'iodure alcoolique au sein de l'éther, le radical alcoolique uni à l'iode prend la place du sodium et il se forme un produit d'addition iodalkylé.

$$C^{23}H^{26}NaAzO^8 + 2CH^3I = NaI + C^{23}H^{26}(CH^3)AzO^8.CH^3I.$$

2° Combinaisons salines de la narcéine avec les acides.

Chlorhydrate de narcéine. — Ce sel préparé et analysé par Anderson, Winckler, Petit, Wright, avait, d'après ces divers auteurs, la composition $C^{23}H^{29}AzO^9$ HCl et les résultats obtenus par eux ne diffèrent qu'au point de vue de l'eau de cristallisation.

Freund, en traitant la narcéine à froid par l'acide chlorhydrique de densité 1.100 obtint d'abord une dissolution bientôt suivie d'une formation de beaux cristaux qui, desséchés sur l'acide sulfurique, répondent à la composition $C^{23}H^{27}AzO^8.HCl + 5\ 1/2H^2O$. Séché à 120°, ce sel fond à 188-192°.

En opérant la solution à chaud, et faisant recristalliser dans l'acide chlorhydrique (D = 1.100) ce chlorhydrate ne renferme plus que $3H^2O$, ce qu'avait déjà indiqué Roser pour le chlorhydrate de pseudonarcéine.

Si on dissout la narcéine dans l'alcool méthylique saturé d'acide chlorhydrique on obtient le corps $C^{23}H^{27}AzO^8.HCl + CH^4O$ qui perd son alcool peu à peu à l'air libre, rapidement à 100° et le résidu sec est identique au chlorhydrate obtenu en solution aqueuse.

Avec l'alcool éthylique on obtient une combinaison analogue, mais qui ne perd pas son alcool de cristallisation à 110° et qui se décompose à une température plus élevée.

La pseudonarcéine fournit des résultats identiques.

Chloroplatinate de narcéine $(C^{23}H^{27}AzO^8.HCl)^2 PtCl^4 + 2H^2O$. Belles aiguilles jaune d'or, fondant à 190-191° se décomposent à 196° obtenues en ajoutant du chlorure de platine à une solution de narcéine dans l'acide chlorhydrique étendu $(HCl, d = 1.100$ 1 p. — H^2O 1 p.) chauffée à 70-80° et laissant refroidir.

Azotate de narcéine $C^{23}H^{27}AzO^8.AzO^3H + H^2O$.

Cristallise en aiguilles jaunâtres, se décomposant à 97°.

Sulfate de narcéine. — Cristallise d'après Beckett et Wright avec $10H^2O$. Il perd toute son eau dans le vide ou à 110°. Il répond à la composition $C^{23}H^{27}AzO^8.SO^4H^2,10H^2O$.

Le sulfate obtenu par Roser avec la pseudonarcéine ne renfermait que $2H^2O$.

Periodures de narcéine. — En faisant agir sur l'iodhydrate de narcéine l'iodure de potassium ioduré, Jörgenssen a obtenu deux composés auxquels il attribue les formules

$$(C^{23}H^{20}AzO^9.HI)^2I \quad \text{et} \quad C^{23}H^{40}AzO^9.HI.I^2$$

d'après Freund, ces deux iodures répondent à la composition :

$$(C^{23}H^{27}AzO^8.HI)^2I \quad et \quad C^{3}A^{27}AzO^8.HI.I^2.$$

3° Éthers de la narcéine.

La narcéine, d'après Freund, renferme un groupe carboxyle ; nous venons de voir que cette hypothèse est en partie justifiée par la formation de combinaisons salines avec les bases : elle est confirmée encore par la production d'éthers. Il suffit, en effet, de traiter la combinaison sodique ou potassique de la narcéine par de l'alcool saturé d'acide chlorhydrique, ou simplement de saturer par de l'acide chlorhydrique une solution alcoolique de narcéine pour obtenir le chlorhydrate de l'éther de la narcéine.

Freund a obtenu ainsi le chlorhydrate de la méthylnarcéine $C^{23}H^{26}(CH^3)AzO^8.HCl$, cristallisé en tables rectangulaires, anhydres, fusibles à 149°.

La potasse le saponifie et régénère, sous forme de gouttelettes huileuses, la narcéine potassée.

Ce chlorhydrate en solution concentrée, traité par le bromure de potassium, fournit le bromhydrate de méthylnarcéine $C^{23}H^{26}(CH^3)AzO^8.HBr$, cristallisant en prismes fusibles à 148°.

On obtient de la même manière le chlorhydrate, le bromhydrate et l'iodhydrate d'éthylnarcéine fondant le premier à 159-160°, le second à 215-216°, le dernier à 212°.

La pseudonarcéine se comporte rigoureusement de la même manière ; à peine a-t-on observé une différence de deux à trois degrés dans les points de fusion des composés correspondant à ceux obtenus avec la narcéine.

4° Combinaisons de la narcéine avec l'hydroxylamine.

Quand on fait bouillir quelque temps de la narcéine avec une solution de chlorhydrate d'hydroxylamine, on obtient après précipitation par l'ammoniaque un corps qui, cristallisé dans l'alcool, représente l'anhydride de la narcéine-oxime, fondant à 171-172°, et dont le chlorhydrate fond à 206-208°. Il répond à la formule $C^{23}H^{26}Az^2O^7$.

Bouilli avec de la potasse, puis neutralisé par l'acide acétique, cet anhydride se transforme en narcéine-oxime $C^{23}H^{28}Az^2O^8 + H^2O$, fondant à 160° en se boursouflant. Cette oxime se transforme facilement en anhydride par une courte ébullition avec de l'acide chlorhydrique, ou en la chauffant à 105-110°. Elle se dissout dans l'eau bouillante, les alcalis et les carbonates alcalins.

Ses propriétés fortement acides s'expliquent par la présence simultanée dans la molécule des groupes oxime et carboxyle.

La constitution de cet anhydride et de l'oxime peut se représenter par les formules suivantes :

Anhydride

12.

$$
\begin{array}{c}
OCH^3 \\
\text{—} OCH^3 \\
\text{—} COOH \\
C = Az.OH \\
CH^2 \\
(CH\ O^2)\ \diagdown \!\!\!\! \text{—} CH^2 \text{—} CH^2 \text{—} Az(CH^3)^2 \\
OCH^3 \text{—}
\end{array}
$$

Oxime

5° Combinaisons de la narcéine avec la phénylhydrazine.

Quand on chauffe de la narcéine avec une solution de chlorhydrate de phénylhydrazine, et qu'on précipite par la soude, on obtient un produit résineux qu'on purifie par dissolution dans l'acide chlorhydrique et cristallisations répétées. Le sel ainsi obtenu fond, à l'état pur à 180-182°, et constitue le chlorhydrate de l'anhydride de la phénylhydrazine $C^{29}H^{31}Az^3O^6.HCl$.

Ce sel subit dans certaines conditions des modifications assez singulières : ainsi, chauffé avec de l'alcool absolu, il se dissout d'abord, puis la solution laisse déposer un corps bien moins soluble, de même composition, mais fusible à 220°. Une digestion avec de l'acétone ou du xylol produit le même effet.

La chaleur seule paraît agir de la même manière : en effet le produit encore impur fondant à 175°, se solidifie de nouveau quand on chauffe au delà de cette température, et à 215-220° il subit une seconde fusion. Par dissolution dans l'eau bouillante, le chlorhydrate fondant à 220° se retransforme en la variété fondant à 180°.

Cette modification isomérique semble devoir être attribuée à la transformation de la liaison :

$$- CH^2 - \overset{|}{C} = Az - \text{ en } - CH = \overset{|}{C} - AzH$$

et réciproquement, dans la formule de constitution ci-dessous :

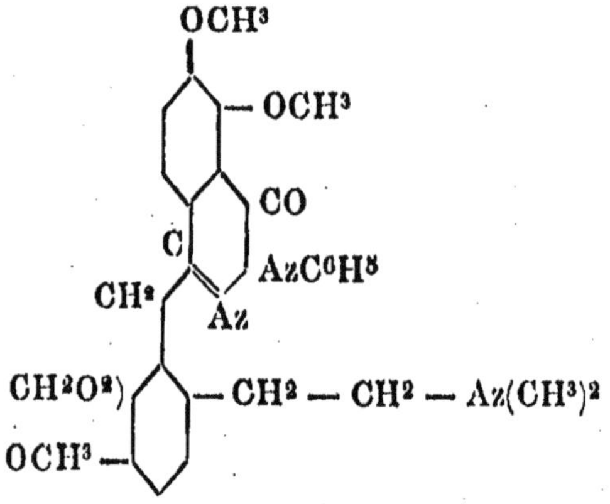

$$
\begin{array}{c}
OCH^3 \\
| \\
\text{——OCH}^3 \\
CO \\
C \quad AzC^6H^5 \\
CH^2 \quad Az \\
CH^2O^2) \quad \text{——CH}^2 — CH^2 — Az(CH^3)^2 \\
OCH^3 —
\end{array}
$$

La narcéine obtenue en partant de la narcotine donne naissance à des composés identiques dans les mêmes conditions.

<h3 style="text-align:center">DÉRIVÉS ALCOOLIQUES DE LA NARCÉINE</h3>

Acide narcéonique, $C^{21}H^{20}O^8$. D'après Claus et Ritzefeld, la narcéine s'unit directement à l'iodure de méthyle pour donner un produit d'addition, fusible à 173°.

Or Freund a constaté qu'en chauffant de la narcéine pure avec de l'iodure de méthyle à l'air libre, l'alcaloïde restait absolument inaltéré.

Si on chauffe en tube scellé à 100°, on obtient une

masse résineuse, incristallisable, qui, traitée par la potasse à l'ébullition, dégage de la triméthylamine en quantité : la solution potassique neutralisée par l'acide chlorhydrique a donné un précipité floconneux qui, repris par l'alcool, cristallise en aiguilles allongées, affectant souvent la forme de faisceaux. Cet acide appelé *acide narcéonique* est anhydre, il fond à 208° quand il est bien pur : il est soluble dans les alcalis, insoluble dans l'eau.

La pseudonarcéine donne un résultat identique.

Nous avons déjà vu plus haut comment s'expliquait la formation de cet acide par le dédoublement de l'iodométhylate de narcéine, ainsi que sa constitution probable.

Le bromure d'éthyle, le chlorure de benzyle n'ont pas donné à Freund les composés d'addition que Claus et Ritzefeld avaient dit obtenir avec la narcéine; ce qui laisse à supposer que, comme pour l'acide narcéique, la formation de ces derniers peut être attribuée à une réaction secondaire due à une impureté de l'alcaloïde employé.

Pour résumer ce qui se rapporte à la narcéine, nous constatons que Freund est arrivé à établir l'identité de la narcéine avec la pseudonarcéine provenant de la narcotine, qu'il a rectifié la formule de composition de cet alcaloïde et qu'il est arrivé à établir une formule de constitution qui permet d'expliquer toutes les transformations nettement constatées que peut subir la narcéine, ainsi que les propriétés si remarquables de cet alcaloïde.

CHAPITRE XII

HYDROCOTARNINE

$$C^{12}H^{15}AzO^3$$

Cette base a été d'abord obtenue par Beckett et Wright, parmi les produits de dédoublement de la narcotine et par la réduction de la cotarnine (V. *Narcotine*). Hesse a constaté sa présence dans l'opium en 1871, mais il est permis d'admettre que, en raison même de la petite quantité de cette base que renferme l'opium, elle ne préexiste pas dans l'opium et que sa présence résulte d'un dédoublement de la narcotine sous l'influence de causes encore inconnues; peut-être même ne prend-elle naissance, comme la pseudo-morphine, qu'au cours des manipulations qui ont pour but la séparation des alcaloïdes de l'opium. La question n'est pas résolue.

Nous n'insisterons pas ici sur les procédés de séparation qui ont permis à Hesse de caractériser la présence de l'hydrocotarnine dans l'opium; nous les avons déjà signalés rapidement à propos de l'extraction de la thébaïne, et ils n'offrent d'ailleurs qu'un intérêt très relatif. Ce qui importe davantage c'est de faire ressortir le mode de production — qui est aussi celui de préparation — de l'hydrocotarnine en partant de la narcotine.

Nous avons déjà vu que la narcotine, sous l'influence de l'eau à 140°, de l'acide sulfurique étendu ou de l'eau de baryte, se dédoublait en acide opianique et hydrocotarnine :

$$C^{22}H^{23}AzO^7 + H^2O \quad = \quad C^{10}H^{10}O^5 \quad + \quad C^{12}H^{15}AzO^3$$

Narcotine   Acide opianique   Hydrocotarnine

de même les agents réducteurs opèrent un dédoublement analogue, seulement, au lieu d'acide opianique, il se forme l'alcool correspondant, la méconine :

$$C^{22}H^{23}AzO^7 + H^2 \quad = \quad C^{10}H^{10}O^4 \quad + \quad C^{12}H^{15}AzO^3$$

Narcotine   Méconine   Hydrocotarnine

Enfin la narcotine, même sous l'influence des agents oxydants, qui la transforment en *acide opianique* et *cotarnine*, fournit de petites quantités d'*hydrocotarnine*, ce qui a permis à Wright et Beckett d'admettre que la narcotine se dédoublerait d'abord en *acide opianique* et *hydrocotarnine* (V. page 147) et que cette dernière, subissant à son tour l'influence de l'agent oxydant, se transformerait en *cotarnine*. Quoi qu'il en soit, au point de vue de la préparation de l'hydrocotarnine, il est plus simple de partir de la cotarnine qu'on obtient facilement par l'oxydation de la narcotine, que de partir de cette dernière — ou de l'opium.

La cotarnine est dissoute dans de l'acide chlorhydrique et cette solution très étendue est additionnée de grenaille de zinc. Au bout de quelques jours de contact, on neutralise par l'ammoniaque et on épuise par l'éther.

L'hydrocotarnine cristallise de sa solution éthérée en prismes monocliniques fusibles à 50° (HESSE) à 55° (BECKETT et WRIGHT), très solubles dans l'alcool, l'éther, la benzine, le chloroforme.

L'acide sulfurique concentré la dissout en se colorant en jaune; le mélange devient rouge carmin à chaud et prend enfin une teinte violet sale.

Les oxydants, tels que le perchlorure de fer, le bioxyde de manganèse ou le bichromate de potasse et l'acide sulfurique, la transforment en cotarnine, par une réaction inverse de celle qui lui a donné naissance.

$$C^{12}H^{15}AzO^3 + O = H^2O + C^{12}H^{13}AzO^3$$

Hydrocotarnine   Cotarnine

Le brome, comme il a déjà été dit, la transforme en *bromhydrocotarnine*, $C^{12}H^{14}BrAzO^3$, en *tribromhydrocotarnine*, $C^{12}H^{12}Br^3AzO^3$ et en *bromocotarnine*, $C^{12}H^{12}Br AzO^3$.

L'hydrocotarnine ne donne pas de dérivé acétylé avec l'anhydride acétique, mais elle fournit avec les iodures alcooliques des iodures de bases quaternaires, analogues à celles de presque tous les alcaloïdes déjà étudiés. L'iodométhylate a été particulièrement étudié par Beckett et Wright. Ses propriétés générales sont celles des composés similaires.

Les sels d'hydrocotarnine ont été préparés et étudiés par Hesse; ils sont en général bien cristallisés, très solubles dans l'eau; le bromhydrate mérite une mention spéciale, en ce sens que, bien moins soluble que le chlorhydrate, il a permis par des cristallisations successives de préparer de l'hydrocotarnine absolument pure.

L'hydrocotarnine est plus toxique que la cotarnine et que la morphine.

Quant à sa constitution nous avons vu, à propos de la narcotine, quelle était la formule qui, selon toute probabilité et dans l'état actuel de nos connaissances, doit exprimer sa structure moléculaire.

CHAPITRE XIII

GNOSCOPINE, PAPAVÉROSINE
TRITOPINE

Nous grouperons ici trois corps peu connus qui ont été trouvés dans l'opium.

L'un d'eux, la **gnoscopine**, découverte en 1878, dans les eaux mères de la purification de la narcotine par T. et H. Smith qui lui ont assigné la formule $C^{34}H^{36}Az^2O^{11}$ se distingue de tous les autres alcaloïdes de l'opium par les deux atomes d'azote que renferme sa molécule. Ce fait anormal est-il dû à une erreur d'analyse? On n'en sait encore rien.

Quoi qu'il en soit la gnoscopine cristallise d'après Smith en aiguilles fusibles à 233° en se décomposant, solubles dans 1 500 parties d'alcool froid, très solubles dans le chloroforme, le sulfure de carbone et le benzol, insolubles dans l'alcool amylique et les alcalis.

L'acide sulfurique la dissout en se colorant en jaune, et, en présence d'une trace d'acide nitrique, en rouge carmin. Ses sels cristallisent bien et ont une réaction acide.

Parmi les hypothèses émises sur sa composition,

citons celle de A. Pictet qui, la considérant comme un hydrate, $C^{34}H^{34}Az^2O^{10}+H^2O$, fait observer que, par dédoublement de cette formule, on arrive à une expression qui se rapproche beaucoup de celle de la morphine ($C^{17}H^{19}AzO^3$).

La **papavérosine** existerait d'après Deschamps dans les capsules sèches de pavot, d'où il l'aurait retirée par l'alcool, reprenant l'extrait alcoolique par l'éther et agitant la solution éthérée avec de l'acide chlorhydrique. La papavérosine, précipitée de sa solution chlorhydrique par la magnésie, est purifiée par cristallisation dans l'alcool.

Il nous semble difficile d'admettre l'existence réelle de cette nouvelle base dont l'individualité n'a été mise hors de doute par aucune expérience sérieuse : l'auteur n'a même pas donné de formule de composition de cette base. Aussi jusqu'à plus ample informé, nous bornerons-nous à la citer à titre de simple indication.

La **tritopine** est une nouvelle base que E. Kauder a isolée récemment de l'opium. Elle accompagne la cryptopine et la protopine quand on extrait celles-ci des eaux mères du sel de Grégory, mais elle y existe en quantités encore moindres que la protopine. On la sépare par cristallisation fractionnée dans l'éther après précipitation des trois bases par l'ammoniaque. La tritopine se sépare de sa solution éthérée en paillettes allongées transparentes, tandis que la cryptopine se dépose en petits rhomboèdres transparents et la protopine sous forme de granulations opaques.

La tritopine est très soluble dans l'éther quand elle vient d'être précipitée ; à l'état cristallisé elle s'y dissout beaucoup moins. Elle est très soluble dans le chloroforme, peu soluble dans l'alcool. Elle fond à

182°. L'ammoniaque la précipite complètement de ses solutions salines, sans la redissoudre, mais la soude la redissout facilement, ce qui la rapproche de la morphine et de la laudanine. Elle n'accompagne pas la laudanine dans son extraction, mais se trouve dans la résine séparée de cette dernière par un grand excès de soude. En effet, si la tritopine se dissout dans la soude, un grand excès de cette base la reprécipite sous forme de gouttelettes huileuses qui sont peut-être une combinaison de tritopine avec l'alcali.

Traitée par l'acide sulfurique concentré et froid, la tritopine ne se colore pas tout d'abord ; ce n'est qu'en écrasant le cristal avec une baguette de verre qu'il se produit une coloration rosée. Si on chauffe, la coloration passe au vert émeraude, puis au bleu indigo et enfin à plus haute température au bleu très foncé. Par addition d'eau la coloration passe au brun rouge. Cette réaction ne diffère que très peu de celle que donne la laudanosine dans ces conditions ; cependant la laudanosine se distingue de la tritopine par sa grande solubilité dans l'alcool et l'éther, par sa forme cristalline et surtout par son point de fusion qui diffère de près de 100° de celui de la tritopine.

La tritopine est anhydre et sa composition répond à la formule $C^{42}H^{54}Az^2O^7$.

Cette composition la rapproche de la laudanosine ; en effet deux molécules de cette dernière, par perte d'un atome d'oxygène, représenteraient la tritopine.

$$2C^{21}H^{27}AzO^4 \quad = \quad C^{42}H^{54}Az^2O^7 + O$$

Laudanosine   Tritopine

La tritopine serait donc de la désoxylaudanosine : la similitude de la réaction avec l'acide sulfurique vient encore confirmer l'hypothèse d'une proche parenté entre ces deux alcaloïdes.

La tritopine est une base forte, biacide.

Son chlorhydrate est très soluble dans l'eau (différence avec la cryptopine et la protopine).

Le chloroplatinate est amorphe, jaune et renferme 4 molécules d'eau.

L'iodhydrate cristallise facilement en cristaux prismatiques incolores, obtenus par l'addition à une solution acétique de tritopine, d'une solution étendue d'iodure de potassium. Le précipité obtenu est recristallisé dans l'eau ou l'alcool. Il répond à la formule $C^{42}H^{54}Az^2O^7 . 2HI + 4H^2O$.

L'oxalate acide, $C^{42}H^{54}Az^2O^7 . 2C^2H^2O^4 + 4H^2O$, est facilement soluble dans l'eau et cristallise en fines aiguilles soyeuses, dont les solutions sursaturées se prennent quelquefois en une masse gélatineuse, devenant peu à peu cristalline,

CHAPITRE XIV

SUBSTANCES NEUTRES ET ACIDES CONTENUES DANS L'OPIUM

I. — *Méconine*, $C^{10}H^{10}O^4$.

La méconine existe en petite quantité ($0^{gr},05$ à $0^{gr},80$ p. 100) dans l'opium d'où elle a été extraite pour la première fois par Dublanc en 1832. C'est Couerbe qui peu de temps après l'a préparée à l'état de pureté et en a étudié les principales propriétés.

Elle prend naissance aussi, comme on l'a vu plus haut, par la réduction de l'acide opianique et de la narcotine.

Préparation. — D'après Couerbe, on traite la solution aqueuse de l'extrait d'opium par l'ammoniaque pour précipiter les bases; on filtre et on concentre en consistance sirupeuse, puis on abandonne au froid. Au bout d'une quinzaine de jours il se sépare des cristaux qu'on exprime et qu'on dessèche; ils renferment la méconine et des méconates. Ces cristaux sont épuisés par l'alcool bouillant et les solutions alcooliques amenées à cristallisation; on reprend le dépôt par l'eau bouillante, on décolore au charbon et **on** fait recristalliser dans l'éther.

Anderson élimine d'abord l'acide méconique par addition de chlorure de calcium à la solution aqueuse d'extrait d'opium, puis il précipite par l'ammoniaque. Le liquide filtré est traité par l'acétate de plomb, et l'excès de plomb enlevé par l'acide sulfurique; on filtre, on neutralise par l'ammoniaque et on évapore au bain-marie pour séparer de la narcotine et du chlorhydrate d'ammoniaque.

Les eaux mères sont épuisées à l'éther et le résidu de la distillation de la solution éthérée est traité par l'acide chlorhydrique qui dissout la papavérine et laisse la méconine qu'on purifie par plusieurs cristallisations dans l'eau bouillante et décoloration au noir animal.

Il est plus simple pour obtenir la méconine de partir de la narcotine, ou mieux encore de l'acide opianique qu'on réduit par l'hydrogène naissant soit à l'aide de l'amalgame de sodium, soit à l'aide du zinc et de l'acide chlorhydrique.

$$C^{22}H^{23}AzO^7 + H^2 = C^{10}H^{10}O^4 + C^{12}H^{15}AzO^3$$
Narcotine Méconine Hydrocotarnine

$$C^{10}H^{10}O^5 + H^2 = C^{10}H^{10}O^4 + H^2O$$
Acide opianique Méconine

L'acide opianique traité par la potasse caustique se dédouble aussi en méconine et en acide hémipinique.

$$2C^{10}H^{10}O^5 = C^{10}H^{10}O^4 + C^{10}H^{10}O^6$$
Acide opianique Méconine Ac. hémipinique

Propriétés. — La méconine cristallise en prismes hexagonaux, incolores, d'une saveur âcre, fondant à

90° (Couerbe), à 98° (Matthiessen et Foster), à 102° (Wright) sublimables et distillables sans décomposition.

La méconine est sans action sur la lumière polarisée. Elle est peu soluble dans l'eau, soluble dans l'alcool et l'éther.

L'ammoniaque ne dissout pas la méconine, mais la potasse et la soude la dissolvent en fournissant les sels d'un acide monobasique, l'*acide méconinique* $C^{10}H^{12}O^5$. Mais cet acide n'est pas stable et régénère la méconine par perte d'une molécule d'eau lorsqu'on le précipite de ses solutions alcalines. Cet acide méconinique doit être considéré comme l'alcool correspondant à l'acide opianique, et la méconine comme un anhydride du genre de la phtalide, comme nous l'avons déjà vu plus haut :

$$
\begin{array}{c}
CH^2OH \\
| \\
\diagdown - COOH \\
\diagup - OCH^3 \\
| \\
OCH^3 \\
\text{Acide méconinique}
\end{array}
\qquad
\begin{array}{c}
CH^2 - O \\
| \\
\diagdown - CO \\
\diagup - OCH^3 \\
| \\
OCH^3 \\
\text{Méconine}
\end{array}
$$

L'acide sulfurique dilué dissout la méconine sans l'altérer, mais cette solution évaporée se colore en vert foncé. Avec l'acide sulfurique concentré on obtient une solution incolore à froid, et une solution pourpre à chaud.

Chauffée avec l'acide chlorhydrique à 100°, la méconine perd un groupe méthyle, et se transforme en *acide méthylnorméconique* $(CH^2O).C^6H^2.OH\diagup CH^2 \diagdown CO$, qui

fondu avec de la potasse, donne de l'acide protoca
téchique.

La *norméconine* qui résulterait de la déméthylation
totale de la méconine et dont la composition répon-
drait à la formule $C^9H^2(OH^2)\diagdown{}^{CH^2}_{CO}\diagdown O$, est inconnue.

II. — *Méconoïsine* $C^8H^{10}O^3$.

La méconoïsine a été retirée en 1878 par T. et
H. Smith des eaux mères de la méconine.

Elle est en cristaux fusibles à 88°, distillant sans décomposition à 288°, assez solubles dans l'eau froide.

III. — *Opionine*.

Cette substance a été retirée il y a quelques années
de l'opium par Hesse; elle s'y trouve en fort petite
quantité. Elle cristallise en aiguilles fusibles à 227° et
solubles dans les alcalis. Sa réaction est neutre.

Fondue avec la potasse, l'opionine fournit un acide
fusible à 126° que Hesse nomme *acide opionylique*.
Ni l'un ni l'autre n'ont encore été analysés; ils ne
semblent pas renfermer d'azote.

IV. — *Acide méconique* $C^7H^4O^7 + 3H^2O$.

L'acide méconique a été découvert en 1805 par
Sertürner, dans l'opium en même temps que la morphine à laquelle il est combiné. Il a été étudié successivement par un grand nombre de chimistes parmi
lesquels nous citerons Robiquet, Seguin, Liebig,
Grégory, How, Mennel, Ost, etc.

C'est Liebig qui en a fixé la composition.

Pour le préparer on sature la solution d'extrait d'opium par du marbre en poudre, on filtre et on évapore en consistance sirupeuse : on ajoute alors du chlorure de calcium et on fait bouillir. Le méconate de calcium impur qui se dépose est alors traité par l'eau bouillante additionnée d'un peu d'acide chlorhydrique. Par refroidissement il se dépose des cristaux de méconate acide de calcium; celui-ci, lavé, exprimé, est soumis à son tour à l'action de l'acide chlorhydrique très étendu et par refroidissement fournit des cristaux d'acide méconique.

Pour purifier complétement celui-ci, on le transforme en sel neutre potassique, ou mieux ammonique; ce sel neutre est transformé en sel acide par l'acide chlorhydrique, et finalement ce dernier décomposé par l'acide chlorhydrique, comme dans le cas du sel de calcium; on finit ainsi par obtenir des cristaux incolores d'acide méconique pur.

L'acide méconique cristallise en paillettes micacées ou en aiguilles prismatiques, perdant leur eau de cristallisation à 120°. Sa saveur est acide et astringente. Il se dissout dans 4 parties d'eau à 100°; il est soluble dans l'alcool, peu soluble dans l'éther. Il n'est pas toxique.

L'acide méconique est un acide bibasique et triatomique : il forme trois séries de sels et d'éthers. De plus il se combine avec l'hydroxylamine, de sorte qu'il faut admettre dans sa molécule l'existence d'un groupe acétonique CO. Sa formule peut donc se développer de la manière suivante :

$$C^4HO(CO)(OH)(COOH)^2$$

On doit le considérer comme le dérivé monohydroxylé et dicarboxylé d'un corps $C^4H^4O(CO)$.

Soumis à l'action de la chaleur il perd successivement deux molécules d'anhydride carbonique : à la température de 200°, il se forme de l'*acide coménique* $C^6H^4O^5 = C^4H^2O\,(CO)\,(OH)\,(COOH)$; à 260-300° il se forme de l'*acide pyroméconique* $C^5H^4O^3 = C^4H^3O\,(CO)\,(OH)$; corps qui, malgré l'absence de carboxyle, possède cependant des propriétés acides. L'acide pyroméconique cristallise en prismes fusibles à 117-121° distillant sans décomposition à 227-228°. Il fournit un dérivé monacétylé et forme avec les alcalis des sels qui sont décomposés par l'eau chaude; ce qui prouve qu'il renferme un hydroxyle, mais pas de carboxyle.

L'*acide coménique*, qui prend aussi naissance par l'action prolongée de l'eau bouillante, de l'eau de brome ou des acides étendus sur l'acide méconique cristallise en prismes jaune pâle assez solubles dans l'eau. Il est monobasique et diatomique : on peut introduire deux fois dans sa molécule le groupe éthyle, mais une seule fois le radical acétyle. Par oxydation, l'acide coménique ne donne que de l'acide oxalique. Traité par le perchlorure de phosphore, il fournit un dérivé chloré, chez lequel l'hydroxyle est remplacé par un atome de chlore, soit $C^4H^2O.(CO).Cl.(COOH)$. Ce dérivé chloré, chauffé avec de l'acide iodhydrique, échange son chlore contre de l'hydrogène pour donner naissance à un acide $C^6H^4O^4 = C^4H^3O(CO)(COOH)$ ou *acide comanique*.

L'acide comanique est un acide monobasique et monoatomique; il ne renferme pas d'hydroxyle alcoolique. Son éther éthylique fournit, par distillation avec la chaux, de l'acétone, de l'alcool, de l'acide formique et de l'acide oxalique. Chauffé à 250°, il se décompose en acide carbonique et *pyrone* $C^5H^4O^2 = C^4H^4O(CO)$, corps fusible à 32°, distillant à 215° et ne renfermant pas d'hydroxyle.

La pyrone (ou pyrocomane) doit être considérée comme la substance primitive d'où dérivent tous les corps du groupe de l'acide méconique (et de l'acide chélidonique).

Les travaux les plus récents lui attribuent la formule de constitution

$$\begin{array}{c} O \\ \parallel \\ C \\ HC \diagup \quad \diagdown CH \\ HC \diagdown \quad \diagup CH \\ \parallel \\ O \end{array}$$

formule qui la rapprocherait de la pyridine et du benzol.

On peut considérer l'acide pyroméconique comme un dérivé hydroxylé, l'acide comanique comme un dérivé carboxylé de la pyrone; de même l'acide coménique est une pyrone monohydroxylée et mono-carboxylée, et enfin l'acide méconique est une pyrone monohydroxylée et dicarboxylée, la position des hydroxyles et carboxyles dans le noyau n'étant pas encore connue. On a ainsi la série :

C^4H^4O (CO) pyrone.
C^4H^3O (CO)(OH) acide pyroméconique.
C^4H^3O (CO)(COOH) acide comanique.
C^4H^2O (CO)(OH)(COOH) acide coménique.
C^4HO (CO)(OH)(COOH)^2 acide méconique.

Ajoutons en passant que l'acide chélidonique, très voisin des précédents, peut être considéré comme de la pyrone dicarboxylée $C^4H^2O(CO)(COOH)^2$.

La constitution du noyau pyronique, telle qu'elle vient d'être indiquée, est confirmée par ce fait que la plupart des corps qui renferment ce noyau fournissent, lorsqu'on les traite par l'ammoniaque, des dérivés de la pyridine par substitution du groupe AzH à l'atome d'oxygène du noyau. L'acide comanique donne ainsi un acide oxypicolique, l'acide comanique un acide dioxypicolique (acide coménamique), l'acide chélidonique un acide oxypyridine-dicarbonique (acide ammochélidonique).

Méconates. — L'acide méconique, bibasique et triatomique peut fournir trois catégories de sels, mais dont les composés mono et bimétalliques seuls constituent des sels dans le sens propre du mot. Ce sont eux seulement, en effet, qui résultent de la saturation de un ou de deux groupes carboxyliques de l'acide méconique, les sels trimétalliques provenant de la substitution d'un radical électropositif à l'hydrogène de l'oxhydrile alcoolique.

Ils répondent à la formule générale :

$C^4HO\,(CO)\,(OH)\,(COOH)\,COOM'$ pour les sels monométalliques.
$C^4HO\,(CO)\,(OH)\,(COOM')^2$ pour les sels bimétalliques.
$C^4HO\,(CO)\,(OM')\,(COOM')^2$ pour les sels trimétalliques ou basiques.

Nous n'étudierons pas ici en détail tous les sels connus de l'acide méconique, dont l'importance est très restreinte. Les sels mono et bimétalliques sont en général peu solubles, plus ou moins bien cristallisés, et donnent, en présence de traces même de sels ferriques, une coloration rouge intense. Les sels trimétalliques sont peu stables, les méconates trimétalliques alcalins tout particulièrement se décomposent à l'ébullition avec formation d'oxalate. Le méconate triargentique, à l'état sec se décompose avec explosion.

CHAPITRE XV

TOXICOLOGIE DES ALCALOÏDES
DE L'OPIUM

Dans ce rapide aperçu des caractères des alcaloïdes
de l'opium au point de vue toxicologique, nous ne
nous occuperons que de celles de ces bases qui se
rencontrent dans l'opium en quantité notable et qui,
seules, sont plus ou moins employées dans la thérapeutique ; ce sont précisément les six alcaloïdes que
nous avons signalés au commencement de cet ouvrage comme étant les plus importants de l'opium.
Tous ne sont pas cependant aussi répandus dans leurs
applications : le plus employé est la morphine, dont
les propriétés physiologiques se rapprochent le plus
de celles de l'opium, en raison même de la prédomi-
nance de cet alcaloïde sur tous les autres dans l'opium
officinal. Viennent ensuite la codéine, la papavérine,
la thébaïne et la narcéine. La narcotine, d'ailleurs peu
employée, agit à peu près à la manière de la morphine.
Les symptômes de l'empoisonnement par l'opium ou
ses dérivés sont les suivants : excitation initiale suivie

bientôt d'une période de coma, qui peut se terminer par l'asphyxie ou l'apoplexie. A l'autopsie, on trouve le cerveau fortement hyperémié, avec extravasations sanguines fréquentes, et les ventricules gorgés de liquide. Les poumons sont parfois le siège de semblables désordres. En revanche, l'estomac et les intestins ne sont que rarement enflammés. Les alcaloïdes de l'opium passent rapidement dans le sang, mais n'y séjournent pas longtemps : administrés à l'intérieur ou par voie hypodermique, ils sont en général assez rapidement éliminés par les urines.

La morphine ne se localise pas, sauf peut-être dans le foie et s'élimine rapidement par les urines; aussi, outre les matières vomies, le contenu du tube digestif, y aura-t-il lieu d'examiner le foie et les urines.

La narcotine aussi est promptement absorbée par le sang et éliminée par les urines; on peut la retrouver dans le foie, la rate, l'estomac et l'intestin, peu après son absorption.

La codéine se comporte comme la morphine et la narcotine : c'est dans le sang, le foie et l'urine qu'il y aura lieu de la rechercher, si l'absorption par l'appareil digestif a été complète.

La thébaïne se comporte comme la codéine, mais l'élimination par les urines est plus lente.

La papavérine prise à l'intérieur se rencontre en proportion notable dans tous les organes, surtout dans le foie. Absorbée par voie hypodermique, on la retrouve surtout dans l'urine et dans le foie, beaucoup moins dans l'intestin.

La narcéine s'absorbe très lentement et séjourne par conséquent pendant un temps très long dans l'estomac et l'intestin; puis elle passe dans le sang et paraît être rapidement éliminée par l'urine et la bile.

Recherche spéciale de la morphine. — Le procédé si connu de *Stas* ne peut être employé sans modification pour la recherche de la morphine. Lorsque l'alcaloïde mis en liberté par une base forte a eu le temps de passer à l'état cristallin, il est devenu presque complètement insoluble dans l'éther : de plus, si la précipitation a eu lieu à l'aide de la potasse, la soude ou l'ammoniaque, l'éther n'enlève que difficilement la portion restée dissoute dans l'excès d'alcali. Enfin la solution éthérée de morphine amorphe laisse déposer elle-même à l'état cristallin et au bout d'un temps assez court, une assez grande quantité de l'alcaloïde. La substitution de l'éther acétique à l'éther ordinaire ne donne pas de résultats beaucoup meilleurs, en raison de la solubilité de cet éther dans l'eau et de l'énergie avec laquelle l'eau ammoniacale retient l'alcaloïde. L'extraction de la morphine, quand un essai préliminaire en a démontré l'existence, se fait d'une manière plus complète en déplaçant l'alcaloïde par la magnésie. L'éther de pétrole n'enlève la morphine ni aux solutions acides ni aux solutions alcalines ; la benzine n'en enlève que des traces aux solutions alcalines, de même que le chloroforme. Le meilleur procédé d'extraction consiste à remplacer la benzine ou l'éther par *l'alcool amylique chaud* et d'opérer la dissolution dans ce véhicule *immédiatement après* sa séparation de la solution saline, pour éviter que la morphine, devenue cristalline, ne perde une partie de sa solubilité dans ce dissolvant. Par évaporation de l'alcool amylique, la morphine reste à l'état amorphe.

Recherche des autres alcaloïdes de l'opium.

— Lorsque l'empoisonnement est dû à l'opium ou à une de ses préparations, l'alcool amylique dissoudra, outre la morphine, la narcotine, la codéine, la thébaïne, la papavérine et de petites quantités de narcéine. Dans ce cas on opérera de la manière suivante : la solution des alcaloïdes neutralisée par l'ammoniaque est agitée avec de la benzine qui dissout la narcotine, la codéine et la thébaïne ; le chloroforme employé ensuite enlève à la solution alcaline (ou acide) la papavérine et la narcéine. Le liquide aqueux est acidulé et chauffé pour redissoudre un peu de morphine cristallisée, qui aurait pu se déposer ; on ajoute ensuite de l'alcool amylique, un faible excès d'ammoniaque et on agite vivement. L'alcool amylique dissout la morphine et un peu de narcéine. Après évaporation de la solution amylique, on reprend par l'eau chaude qui dissout la narcéine.

Séparation des alcaloïdes de l'opium. — Dans le cas, fort rare d'ailleurs, où il y aurait lieu de procéder, dans une recherche toxicologique, à la séparation des alcaloïdes de l'opium, on pourra y arriver de la manière suivante :

Le résidu de l'évaporation du traitement par la benzine renferme la narcotine, la thébaïne et la codéine, avec un peu de papavérine. L'alcool amylique froid lui enlève la codéine ; l'eau aiguisée d'acide acétique dissout la thébaïne et la papavérine, en laissant insoluble la narcotine. On sait de plus que le chloroforme enlève aux solutions acidulées par l'acide sulfurique la narcotine, la thébaïne, la papavérine et la narcéine ; on pourrait donc séparer d'abord ces quatre alcaloïdes ; on traiterait ensuite le liquide aqueux par l'ammoniaque et on enlèverait la codéine avec la benzine. Resteraient la morphine et un peu de narcéine qu'on dissoudrait dans l'alcool amylique chaud.

Enfin la narcotine peut être enlevée aux solutions acides par l'alcool amylique. Mais, nous le répétons, ce cas sera extrêmement rare, et dans un cas d'empoisonnement par l'opium, la recherche des alcaloïdes autres que la morphine ou la narcotine, tout au plus encore de la codéine, ne donnera le plus souvent qu'un résultat négatif, étant donnée la faible proportion de ces bases dans l'opium.

Nous renverrons, pour les réactions des bases isolées en pareil cas, en suivant la méthode de Stas modifiée, à ce qui a été dit de chacune d'elles dans les chapitres qui précèdent.

TABLE DES MATIÈRES

CHAPITRE III

CHAPITRE IV

CHAPITRE V

CHAPITRE VI

CHAPITRE VII

CHAPITRE VIII

CHAPITRE IX

CHAPITRE X

CHAPITRE XI

CHAPITRE XII

CHAPITRE XIII

CHAPITRE XIV

CHAPITRE XV

Paris. — Typ. Chamerot et Renouard, 19, rue des Saints-Pères. — 30838.

www.ingramcontent.com/pod-product-compliance
Ingram Content Group UK Ltd.
Pitfield, Milton Keynes, MK11 3LW, UK
UKHW022208120726
13694UKWH00002B/458